続 不思議な算数

センス・オブ・ワンダーと算数数学

小西 豊文
Toyofumi Konishi

学術研究出版

推薦の言葉

神戸大学教授　岡部　恭幸

　本書は、「算数数学が不思議である」と感じさせるような「方向性」のある講義や授業（を作ることができる教師の育成）を目指して執筆をされています。本書には、多くの「算数数学の不思議」を感じることでのできる話題がいくつも取り上げられています。

　本書に挙げられている事例は実際に大学で講義されたものであり、いくつかの学生の感想が取り上げられています。それらを読むと、学生の中に「算数数学が不思議である」という思いがしっかり育っている様子がよく伝わってきます。

「ガウスがどのようにして、こんなに早く計算できたのかを考えていくと、私自身が新しい発見をしたような気持ちになりました。」

　この感想は、「数学者ガウス」の1から100までの数の合計を計算する方法を取り上げ、ガウスが「一体どのようにして答えを見つけたのか」ということを追求する過程で、等差数列の和を求めるという内容を学んだときのものです。

　学生は、このことを一生懸命に考え、追求する過程で、ガウスという人物をより身近に感じています。きっとこの学生は、この等差数列という数学を、より自分に身近なものと感じたの

ではないかと思います。

　次の感想は、これは素数が自然界にも現れる例として「素数ゼミ」を講義で扱われた後のものです。

「素数ゼミは、生きるための方法を考えているとして、その中に素数の性質が入っているのは、偶然ですが、面白いと思いました。前に学習したことがある蜂のことを思い出しました。蜂の巣の部屋が六角形になっている現象とよく似ていると思いました。」

「自然の中には、数学が隠れていると聞いたことがありますが、身の回りを探すといっぱいあるだろうなと思いました。そんなことをもっと調べたいです。」

　北米に、ちょうど17年ごとと13年ごとに大量発生する周期ゼミがいて、13と17が素数であることから「素数ゼミ」と呼ばれています。学生は、この「素数ゼミ」について学ぶことで、自然の中に数学が隠れていることに「算数数学の不思議」を感じ、さらにもっとそのような隠れている数学を見つけたいと強く感じているようです。

　このように「算数数学が不思議である」ことに触れ、そのことを強く感じた学生は、きっと「算数数学が不思議である」ことを感じることができる授業を創ろうとする教師に育っていくのではないでしょうか。また、そのような教師の算数の授業を受けた子どもたちも、きっと「算数数学が不思議である」ことを強く感じるのではないでしょうか。

　この本を読んでいると、著者自身が「算数数学が不思議であ

る」と感じている強い思いとそれを学生や子ども達に伝えたいという、学生や子ども達に対する愛情とも言えるような強い思いを感じます。本書を読み進めるの中で、読書の皆さんも、著者の思いに触れ、そのような授業を創りたい、子どもたちにそのような授業を受けさせたいと強く思われたのではないでしょうか。

.

はじめに

　学術研究出版より、過日（令和 3 年 2 月 28 日付）、**「不思議な算数―センス・オブ・ワンダーと算数数学―」** を上梓いたしました。本書はその続編であります。前著作に対して、多々、感想を賜り、総じて好評で、意を強くいたしました。そこで、全講義 15 講のうちから、「不思議な算数」と同様の主旨及びスタイルで、さらに別の 5 講を選び、ここに「続編」として、執筆いたしました。「不思議な算数」の読者から、寄せられた主な感想・ご意見（一部抜粋）は次の通りです。なお、氏名はイニシャルで表しています。

- ・表紙が幻想的で、不思議な算数を感じさせてくれます。森のキノコにも算数が含まれていると聞いたことがあります。（MS）
- ・執筆内容の素晴らしさとともに、書籍のサイズ、表紙や内容・図絵・写真など、装丁も素晴らしく、先生のセンスの良さは見事です。（DN）
- ・大学教員になって 10 年となりますが、未だ、授業の内容構成に悩みをもっていました。特に初等算数という授業について、算数を解決する面白さを味わえるようにしたいと反省していました。こんな悩みを解決してくれる本でした。（MS）
- ・第 0 章にある「算数概論」講義シラバス概要を拝見すると、全体が構造化されていて、しかも学生の興味を高める配列

になっていると思います。(SY)

・特に「算数概論」という講義科目がこれまでの先生の様々な研究によって再構成され、学生さんたちの生の声を収録されていることで、私たち大学で算数を教える教員にも最高のテキストとして読むことができる。まさに、子どもから大人まで、年齢とキャリアを超えた珠玉の一冊であると思います。(MK)

・私の専攻は生物学、特に進化・多様性の分野ですが、生物がある形にフィックスしている理由は、それが特定環境下で最適化された形である（あるいはその過程にある）からだと言われています。本書に書かれていたように、嘘をつかない、無駄がない数式が、その背景に隠れているというのは、とても直感的に理解しやすく、ケヤキの木とフィボナッチ数列との関係のお話などは、まさにそれを感じることができました。(SK)

・ニュートンが物理現象を説明するために、微積や極限を考案したというのは有名な話だと思いますが、算数や数学を理解し、使えるようになると、身の回りにある現象への理解がより深まることをメッセージとして書かれているのかなと拝察しました。(YN)

・寺垣内先生の推薦のお言葉を読んで、私も第3章「日食ハンター」から、読ませていただき、たくさんの驚きに出会いました。次の満月には5円玉を用意して、感動を味わいたいと思っています。(MS)

・算数の不思議さを子どもたちに面白く感じて欲しくて、第4章「不思議な木の生長」は授業（小学校算数）でもよく取

り上げることがあります。中3と中1の我が子にも読ませようと思います。(HK)

・渦巻を描いていくという体験は、数列が形となって出現するということを見事に実現されています。全編、実演の観点で貫く姿勢に感嘆しました。(KM)

・学生（受講生）の感想に興味を持ちました。目に見える「直感と異なる数学的事象」に不思議を感じたり、「日常の当たり前の固定概念と違う」ことに不思議を感じたり、不思議を感じるある傾向が存在するように思いました。数学のつまずきはそういうところからくるのかも知れません。(TK)

・感想と共に、手製の朱竹の立体色紙を送っていただきました。(KH)

☞

　朱竹は、縁起物で幸運の印、竹は地にしっかりと根を張り、物事の節目ごとに伸びていく、続編の執筆にあたって、そういう自分でありたいと心新たにいたしました。

　本書「続・不思議な算数―センス・オブ・ワンダーと算数数学―」も、算数の不思議さや面白さを、主に、小学校・中学校（数学）の教員及び教員を目指す皆さんに、さらに、小中学生のお子さんをもつ保護者の皆様と小中学生の皆さん方にも是非、伝えたく、筆者が48年間の教員経験の中で学んだこと、考えてきたこと、実践してきたことの集大成として、教員養成学科にお

ける「算数概論」の講義の一部をまとめたものであります。

　読者の皆さんに、育みたいものは「センス・オブ・ワンダー」なのです。その感性は、きっと新しい算数数学教育の構築という芽を出すはずだと期待しているのです。そして、提言したいことは、前著作「おわりに」でも書いたように、次のことであります。

「センス・オブ・ワンダー」を根底に据えた考え方で、技能重視の算数数学から脱却し、このように、「算数数学が不思議である」と感じさせるような「方向性」を持った講義や授業が、これからの算数数学教育で大切にすべきだと考えています。(再掲)

　本著作では、さらに内容を拡げ、掘り下げ深めるように書いたつもりです。読者の皆様方のさらなる「センス・オブ・ワンダー」を磨いていただけたら本望であります。

目　次

第 0 章

不思議な算数を求めて
―続編の前に―

It's amazing!

① 「不思議な算数」の概要 (要約)

本書は、前著作「不思議な算数」の続編です。

まず、「不思議な算数」の内容を**要約**します。

要約

本書は、算数の不思議さや面白さを、主に、小学校・中学校 (数学) の教員及び教員を目指す皆さんに、さらに、小中学生のお子さんをもつ保護者の皆様と小中学生の皆さん方にも是非、伝えたいと考え、筆者が48年間の教員経験の中で学んだこと、考えてきたこと、実践してきたことの集大成として、教員養成学科における「**算数概論**」の講義の一部をまと

図0-1 不思議な算数

めたものであります。「算数概論」は、教員免許の必修科目で、算数数学の教材研究力を養う目的があり、その中で、「**センス・オブ・ワンダー**」(神秘さや不思議さに目をみはる感性) を育むことを目指し、技能重視の算数数学から脱却し、「算数数学が不思議である」と感じさせるような「方向性」のある講義や授業が、これからの算数数学教育で大切にすべきだと提案しました。

内容としては、不思議さを身近なものとして実感させるよう個々の事象を深く追究していきました。

○1〜9までの異なる4つの自然数を使った場合、四則演算や

（　）などを駆使して10になる式が**必ず作れる**こと。

○蜂の巣の部屋が六角形なのは敷き詰められる形の中で、**最も広くなる**という自然の中に潜む事象にも数学的な意味があること。

○皆既日食には特別な不思議さがあり、地球から月と太陽までの距離の比と、月と太陽の大きさの比がともに約1：400という**偶然の数値**が隠れていること。

○数量が増え続ければ必ずある数に到達すると考えてきた事象が、あるところで止まってしまう（無限等比数列の和の収束）という**不思議な増え方**もあること。

○円錐・球・円柱の立体の体積や表面積には、**美しい比率**が潜んでいること。

等を、人物・事象・実演の観点から迫り、それぞれの不思議さに迫りました。それらの不思議さを実感した人々は「**イッツアメージング！**」と叫ぶことでしょう。そして、読者の皆さんに、育みたいものは「センス・オブ・ワンダー」なのです。その感性は、きっと新しい算数数学教育の構築という芽を出すはずだと期待しているのです。

②算数数学を学ぶ目的としての「センス・オブ・ワンダー」

　キャリア教育の視点から、算数数学を学ぶ目的を、p17の（図0-2）のように整理してみました。これは、大阪市小学校教育研究会算数部主催の「オンライン授業作りアイデア講座（キャリア教育と算数数学）」（2020年11月19日リモート研修会）で、

話題を提供した際の自作の図 (提示資料) です。

算数科の目標として、

> 「算数的活動を通して、数量や図形についての基礎的・基本的な知識及び技能を身に付け、日常の事象についての見通しをもち筋道立てて考え、表現する能力を育てるとともに、算数的活動の楽しさや数理的な処理のよさに気付き、<u>進んで生活や学習に活用しようとする態度を育てる</u>(傍線筆者)」(平成20年告示小学校学習指導要領算数科の目標)

があります。これは、現行の一つ前、平成20年告示の学習指導要領の算数科の目標です。私がかかわった学習指導要領ということもありますが、極めて端的に表すことができている目標と考えられるので、敢えて、本書では、本目標を用いることにしました。

　これは小学校の算数科の目標として、その土台となる基礎的な目標です。しかし、学年が進む (小学校高学年から中学校数学へと進む) につれ、算数科の内容は、少しずつ生活と離れていくという実感があると思います。そこには、ある仕事に就くために必要と解釈せざるを得ない段階があると考えられます。

　現行の教科書では、そのことに焦点を当てた内容が「**ひろがる算数**」(啓林館令和2年版6年 p234 〜 248) として、取り扱われています。その冒頭では「小学校で学んできた算数やこれから中学校で学ぶ数学は、世の中のさまざまな場面で役立っています。算数・数学がどんなところで使われているのか、いろいろな職業の人たちの話を聞いてみましょう。」と述べ、5人の著名な実在の人物を取り上げて話が進められています。共著書「こどものキャリア形成」(2020年幻冬舎新書) の p64 〜 81で

解説しています。このような流れから、日常生活に必要な算数数学があり、それらはやがて、ある仕事に就くために必要な算数数学へと内容が広がっていくと考えました。

　2021年3月のニュース（3月31日朝日新聞）では、高等学校数学の教科書改訂・検定について報道され、2022年度から使われる教科書の改訂の方向（特徴）が明らかにされました。

　それによると、数学では「仕事の現場での活用例示す」という見出しで、日常生活や社会とのつながりを意識した内容が目立つと言っています。例えば、数学で、弁護士や医療機器開発の現場で数学がどう使われているかを尋ねるインタビューを掲載したり、数学が企業の経営判断に役立つ例や、日本文化（和算・着物の絵柄など）に親しみを持たせる工夫等も取り上げられたといいます。これらは、実社会で役立つという視点から、

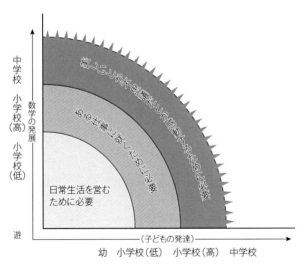

図0-2　学ぶ目的の拡がり（2020：小西豊文）

高校生の学習意欲の喚起を図ろうと考えての工夫であると思われます。

　さらに、私は、特定の職業で役立つというだけでなく、**高次の目標**として「美しいとか不思議だとか感動するために必要」という目標の頂上があると常々考えていました。それが「**センス・オブ・ワンダー**」を育むことに他ならないと考えたのです。それは、子どもの発達段階の発達の軸と数学の内容の発展の軸が絡み合う中で、相関的に位置づく最も高次な学ぶ目的と考えています。

　よって、早期より、その視点で、学ぶことを目指すことが大切になります。実用的な観点から離れて、やがて、美しいとか不思議とか、純粋に学問としての算数数学に感動するために必要となっていくのです。言い換えれば、「センス・オブ・ワンダー」を感じる世界への入り口となるのです。これは、子どもの成長としての**発達段階**が進むにつれ、一方では算数数学の**内容の深化充実**と共に、派生してくる高次の学ぶ目的と考えられます。**学ぶ目的の拡がり**は「図0-3　算数を学ぶ目的の階層」のようになっていると考えます。

　日常生活を営むために必要

　ある仕事に就くために必要

　美しいとか不思議だとか感動するために必要

図0-3　算数を学ぶ目的の階層

③「不思議な算数」の教材開発の３つの観点

　前著作「不思議な算数」では、**教材開発の３つの観点**を明らかにしました。その３つの観点とは、次の観点 XYZ です。

> 観点X　関連する数学者等の人間ドラマ（エピソード）を絡ませる。
> **（人物の観点）**
>
> 観点Y　歴史的・地理的等の事象の視点からの関連する話題を取り上げる。
> **（事象の観点）**
>
> 観点Z　実感的な理解を図る数学的活動としての「実演」を取り入れる。
> **（実演の観点）**

　これらの３つの観点から、教材開発を行い、センス・オブ・ワンダーを育むことを目指した講義の中から「不思議な算数」（図 0-4）ができ上がったのです。

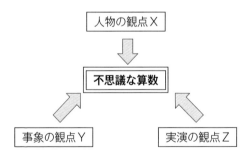

図 0-4　「不思議な算数」の教材開発の３つの観点

④「算数概論」の講義シラバスと続編の構成

「センス・オブ・ワンダー」を育む教材を開発し、全15回を構成した結果、そのタイトルと取り扱う数学の内容及び教材開発の観点（XYZ）の一覧表は、次のようになりました。

そして、前著作「不思議な算数」と今回の「続・不思議な算数」で取り上げた講義は次の通りです。全15回の講義タイトルに☆や★を付けています。

前著作「不思議な算数」で取り上げた講義 ……☆

今回「**続・不思議な算数**」で取り上げた講義……★

表0-1 全15回の講義タイトルと教材開発の観点 X・Y・Z（2018年度前期）

タイトル	人物の観点 X	事象の観点 Y	実演の観点 Z
① 数の占い☆		メイク10の占い	数の占いなどの実演
② 天才少年ガウス★	数学者ガウス	ガウスの少年時代	□の数の等差数列の和
③ 一休一休寒い？★		インド九九	アレイ図計算の仕組み
④ お得なピザは？☆	NASA キャサリン	蜂の巣の部屋の形	アリの運動場の距離
⑤ 日食ハンター☆	宇宙飛行士 毛利　衛	天岩戸の神話	日食シミュレーション
⑥ ケーニヒスベルクの街	数学者 オイラー	街の7つの橋の話題	紐と輪による実演
⑦ 楽しい図形遊び	数学者 メビウス	タングラムの発祥	紙バックから正四面体
⑧ 不思議な木の生長☆	数学者 志賀　浩二	欅の木の枝分かれ	渦巻図の描画実演
⑨ ピタゴラスの発見	数学者 ピタゴラス	正多角形の面積	三平方の定理の実験
⑩ チョコの大きさ比べ☆	数学者 アルキメデス	アルキメデスの墓標	アルキメデスの砂時計

⑪ 筆算を広めた男★	数学者 福田　理軒	江戸の数学塾	鶴亀カードの活用
⑫ 博士の愛した数式★	小説家 小川　洋子	素数ゼミの謎	エラトステネスの篩
⑬ 星描き名人	授業者 小西　豊文	世界国旗と星形 伝説	円の中に実際に描く
⑭ 世界は消滅する のか？★	エドワード・ リュカ	ハノイの塔の伝説	ハノイの塔の操作
⑮ 電卓を使って		数字キーの配列	電卓マジック

　続編の編集にあたっては、「不思議な算数」と同様のスタイルを継承することにしました。「センス・オブ・ワンダー」を感じられるであろう場面については、その内容を抽出し、適切な箇所に、【「センス・オブ・ワンダー」を感じる不思議な法則（イッツアメージング！）】として、次の例のように枠囲みで表現しています。

例：「不思議な算数」p30より

★「センス・オブ・ワンダー」を感じる不思議な法則

1から9までの数の中で、異なる4つの数を使って、四則演算と（　　）を用いて、10になる式を作ることを考えた時、必ず作ることができる。

イッツ
アメージング！

　また、前作と同様、**受講生（学生）の5年間の感想**、およそ延べ600名以上の受講生の感想を集積したものの中から、的を射た、顕著なものを取り上げ、適切な箇所にふんだんに掲載しています。それらが、本書を、面白くするとともに、より不思議感を倍加させてくれたと考えています。前作同様、すべての受講生の方々に厚くお礼を申し上げます。

　さらに、本作では、直接本文への関わりは薄いけれども、**参考となる事項**について、各章末に数多く掲載しました。

　続編では、次のような項目を取り上げて解説しています。

　以上のような本書の構成をご理解いただき、前作同様「センス・オブ・ワンダー」を感じながら、読んでいただければ幸いです。

第 1 章

天才少年ガウス

It's amazing!

1 ガウスの少年時代とその計算方法

　前著作「不思議な算数」では、教材開発の３つの観点を明らかにしました。その一つは、**人物の観点 X** です。本講で、「等差数列の和」を取り扱いたいと考えていた私は、人物として「**数学者ガウス**」を取り上げることにしました。それは、ガウスの少年時代のエピソードが、等差数列の和を求める方法（考え方）に結びつけることができるからです。

　小学校の算数の教科書にも取り上げられたこともありますが、有名な数学者「ガウス」(1777 ～ 1855) の少年時代の有名な次のような話が伝えられています。

> 　ある時、先生が「1 から 100 までの数の合計を計算しなさい」と言ったところ、ガウス少年はすぐに「できました」と答えたというものです。(図 1-1)

　一体どのようにして答えを見つけたのか？　ということを追究する過程で、数学的には**等差数列の和**を求めるという内容を学ばせることが出来ると考えたのです。

　講義では、(図 1-1) のような絵を提示し、この逸話を

図1-1　ガウスの教室風景

話すことから始めました。本講義のタイトルは「天才少年ガウス」です。さらに、ガウスの次のようなエピソードを付け加えました。

ガウスはドイツの数学者で、父は煉瓦職人（決して数学者の子どもではなく普通の家庭で育った子どもである）であったということ。伝えられているガウスの言葉として「私は言葉を話す前から計算をしていた」や、ガウスの先生の言葉として「このような天才に私が教えられることは何もない」等を紹介しました。さらに、この少年が、のちに偉大な数学者になったというところに共感さえ覚えるのです。また、その先生は「なぜそんな課題を与えたのか？」それは、お茶を一杯飲むために少し休憩時間をとりたかったからであったという理由にも触れるとなんともユーモラスな場面が浮かびます。

このガウスが行った計算の方法が、等差数列の和を巧妙に求める方法だったのでした。

ガウスが100までの和を求めた方法は、次のような方法であったとされています。

図1-2　ガウス

1+ 2+ 3+ 4+……… 　　+99+100	⇒ **1 ～ 100までの和**
100+99+98+97+…. 　　+2+1	⇒ **100 ～ 1までの和**
101+101+101+101+….+101+101	⇒ **101 が100個**

つまり、1 ～ 100までの和を求める式の下に、100 ～ 1までの和を求める式を上のように対応させ計算を工夫したものだったのでした。

対応する式の上下を加えると101の100個分の和を求めることと同じになります。

つまり、$101 \times 100 = 10100$ の半分と考えて、$10100 \div 2 = 5050$ となります。

$$101 \times 100 \div 2 = 5050$$

のように計算を工夫したというのです。この方法で、少年ガウスは、たし算の手間を省き、かけ算を使って、楽に速くできたという話をしました。

② 等差数列について

　この話については、知っている受講生も多くいました。次に、方法を一般化するために、「等差数列」の意味を確認しました。

　等差数列とは、隣接する項が共通の差（等差）をもつ数列のことです。例えば、1・2・3・4・5……は初項1、等差が1の等差数列となります。例えば1から9までを、●の図で表すと、下（図1-3）のようになり、階段のように並ぶことから、小学校では「階段の数」と言うと分かり易いようです。

　私は、簡単な等差数列（階段の数）の合計（全部の数）を求める学習は、小学校の算数科で取り扱ってもいいように思いますが、これまでの小学校学習指導要領算数科で取り入れられたことはないようです。

　このガウスの計算方法の意味の理解を深めるためにまず、●の図を使って、数を少なく（1〜9までに）して、式の意味を図でとらえさせました。

　赤丸と青丸を使って、(1 +

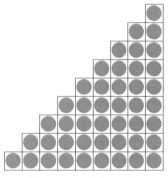

図1-3　1〜9までの数

9) × 9 ÷ 2 = 45 の意味を説明させたのです。(図 1-4) のような教具の図を用いました。

　　赤い●は、1 + 2 + 3 + 4 + 5 + 6 + 7 + 8 + 9

一番左の列では

　　○が縦に　1 + 9(赤1、青9)

　　○が横に　9

　　○は全部で、(1 + 9) × 9

　　赤い●はその半分だから、(1 + 9) × 9 ÷ 2 = 45

　　となります。

　　さらに、その意味の理解を深めるために、**台形の面積公式**と対比させました。上底が1、下底が9、高さ9の台形を考えて、(上底＋下底) × 高さ÷ 2 に当てはめると、(1 + 9) × 9 ÷ 2 となり、式の形が一致します。

図1-4　1〜9までの数の2つ分

　　可動式の木製教具を用意 (業者に製作依頼) し、それを使って提示 (図1-4) しました。この教具は6つの面を変化させていろいろな表現ができる優れもので、多くの講義で活用ができます。詳しくは、本書 p44【参考 1-3】をご参照下さい。

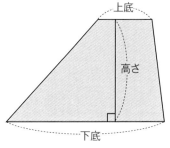

図1-5　台形の面積

次に、1からnまでの和を
一般化し文字の式に表すこと
にしました。式は、(1 + n) ×

$$\frac{1}{2}n(n+1)$$

n ÷ 2とまとめました。これなら、nはどんな数になっても求められます。数学では、上のような公式としてまとめられます。

1 ～ 1000までの和、1 ～ 2020までの和など、いくつか和を求める練習題（基本問題）をすることによって、この式に当てはめて、ガウスのように簡単に求められることを実感させました。

次に、初項や等差が1でない場合等、いろいろな等差数列の求め方について、**基本型を工夫**して求められることについて取り扱いました。

①　等差が2で、初項が2、2 ～ 20までの和の場合（偶数の和）
例・2＋4＋6＋8＋10＋12＋14＋16＋18＋20＝2×(1＋2＋3＋4＋5＋6＋7＋8＋9＋10)

②　等差が3で、初項が3、27までの和の場合（3の段の九九の和）
例・3＋6＋9＋12＋15＋18＋21＋24＋27＝3×(1＋2＋3＋4＋5＋6＋7＋8＋9)

③　等差が1で、初項が9、9 ～ 22までの和の場合
例・9＋10＋11＋12＋13＋14＋15＋16＋17＋18＋19＋20＋21＋22
＝9 ＋ 9＋**1** ＋ 9＋**2**＋9＋**3**＋9＋**4** ＋ 9＋**5**＋9＋**6**＋9＋**7**＋9＋**8**＋9＋**9**＋9＋**10**＋9＋**11**＋9＋**12**＋9＋**13**

　＝9 × 14＋(**1＋2＋3＋4＋5＋6＋7＋8＋9＋10＋11＋12＋13**)

（方法③-1）

$\cdot \, 9 + 10 + 11 + 12 + 13 + 14 + 15 + 16 + 17 + 18 + 19 + 20 + 21 + 22$

$= (1 + 2 + 3 + 4 + 5 + 6 + 7 + 8 + 9 + 10 + 11 + 12 + 13 + 14 + 15 + 16$

$+\, 17 + 18 + 19 + 20 + 21 + 22) - (1 + 2 + 3 + 4 + 5 + 6 + 7 + 8)$

（方法③-2）

$\cdot \, (9 + 10 + 11 + 12 + 13 + 14 + 15 + 16 + 17 + 18 + 19 + 20 + 21 + 22)$

$= (9 + 22) \times 14 \div 2$　　　　　　　　　（方法③-3）

　これらの（③-1）（③-2）（③-3）について、○の図（図1-6　基本型を工夫した求め方「③-1 ～ 3」の説明図）で、説明しました。

　次に、等差数列の和を求める適用題（基本問題）として、九九の各段の答えの和①とトランプの数の合計②を求めさせることにしました。

方法③-1

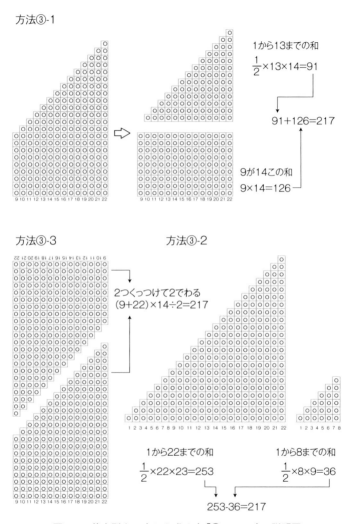

1から13までの和

$\frac{1}{2}×13×14=91$

91+126=217

9が14この和

9×14=126

方法③-3   方法③-2

2つくっつけて2でわる

(9+22)×14÷2=217

1から22までの和

$\frac{1}{2}×22×23=253$

1から8までの和

$\frac{1}{2}×8×9=36$

253-36=217

図1-6　基本型を工夫した求め方「③-1～3」の説明図

基本問題1

①九九の各段の和を求めましょう。

②九九表の答えの合計（和）はいくつになるでしょう。

答① 各段には、9つの等差数列があります。等差はそれぞ
れの段の数になるので、1の段から9の段までの合計は
次のようになります。

1の段の答えの和　$(9 + 1) \times 9 \div 2 = 45$

2の段の答えの和　$(18 + 2) \times 9 \div 2 = 90$

3の段の答えの和　$(27 + 3) \times 9 \div 2 = 135$

4の段の答えの和　$(36 + 4) \times 9 \div 2 = 180$

5の段の答えの和　$(45 + 5) \times 9 \div 2 = 225$

6の段の答えの和　$(54 + 6) \times 9 \div 2 = 270$

7の段の答えの和　$(63 + 7) \times 9 \div 2 = 315$

8の段の答えの和　$(72 + 8) \times 9 \div 2 = 360$

9の段の答えの和　$(81 + 9) \times 9 \div 2 = 405$

答② それぞれの和の合
計は、初項45で、等
差45の等差数列にな
るので

$(45 + 405) \times 9 \div 2 = 2025$

図1-7　九九の表（教具）

基本問題2

①トランプのすべての数の和を求めましょう。

答①　各マーク♠♥♦♣は1〜13まであります。1〜13までの和は、

$$(1 + 13) \times 13 \div 2 = 91$$

マークは4種類

$$91 \times 4 = 364$$

ジョーカー1枚、364 + 1 = 365……1年の日数

　トランプの数にまつわる次のような話も紹介しました。

「……カードが52枚というのは、1年間が52週であるということ。ダイヤやハートのスイート（絵柄）が13枚なのは、各スイートがそれぞれ春夏秋冬を象徴しており、1つの季節が13週で終わるという意味である。さらにトランプのすべての数字を足していくと、364になる。これにジョーカーを1として加えれば、365で1年の日数になる。トランプの数には奥深い仕掛けがなされているのである。」（おもしろ物知り辞典より）

　トランプのルーツは占いに使われるタロットカードであるが、トランプには、占いに関する暦の秘密が隠れていたようです。受講生にとって、身近なトランプの話には興味をもったようでした。

【感想】

＊ガウスの計算法は小学校の時、習ったような気がします。ガウスの

　先生が休憩したいから、この問題を出したというのが面白かったです。(AW)

＊先生が1から100までの和を求めなさいと言ったとき、すぐにできましたと言ったガウスは、覚えていたのか？　その時、どうして計算したのかが知りたくなりました。こんな能力があって偉大な数学者になれたと思います。(MI)

＊ガウスがどのようにして、こんなに早く計算できたのかを考えていくと、私自身が新しい発見をしたような気持ちになりました。(KN)

＊ガウスが自分のクラスに居たら人気者になっていたと思うし、数学を教えてほしいなと思ったりして、何だか私も物語の中に入ったみたいで楽しかった。(AM)

＊ガウスの話で、私は、求め方できっといい方法があるのではと勘が働きました。少なからず、私にも数学脳があるのかなと思いました。(YU)

＊等差数列の和を求める式が、台形の面積の公式と同じ形になっているのはなるほどと思いました。トランプの数の合計が1年の日数になっているのも初めて知りました。私も雑学博士になれます。(JM)

③ 等差数列の和のもう一つの求め方

　次にもう一つの等差数列の和の求め方について取り上げました。

　それは、等差数列の和が「**真ん中の数×個数**」で求められるという方法です。

　例えば、1・2・3・4・5という数列の真ん中の数は3です。左から3番目、右から3番目だからです。個数は5個あります。

　和は3×5 = 15となります。1 + 2 + 3 + 4 + 5 = 15で確かに合っています。トランプの数の和で確かめてみましょう。

真ん中の数は 7、13 個あるので、

　7 × 13 = 91

となります。(図1-8)

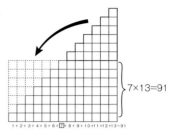

$7 \times 13 = 91$

$1+2+3+4+5+6+\boxed{7}+8+9+10+11+12+13=91$

図1-8　7 × 13 になるわけ

　この方法で、等差が 1 でなくても、初項が 1 でなくても求めることができます。

　例えば、4・7・10・13・16 (初項が 4、等差が 3 の場合)、では 10 × 5 = 50 となります。4 + 7 + 10 + 13 + 16 = 50 となり、確かに求めることができています。

　ここで、拡散的思考が生じます。項数が偶数個の場合、真ん中の数が存在しません。その場合はどう考えるかです。例えば、1・2・3・4・5・6 のような場合です。こんな時、真ん中の数は 3 と 4 の真ん中にあると考えるとうまくいきます。そう、3.5 ですね。3.5 × 6 = 21 です。1 + 2 + 3 + 4 + 5 + 6 = 21、合っています。数列の中に存在しない数を小数に広げてみつけ、3.5 に着目すると旨くいくというものです。

　このことを使って、いくつかやってみました。

○偶数 (2 の倍数) の場合は、

例　2 + 4 + 6 + 8 + 10 + 12 = 7 × 6 = 42

(真ん中の数は 6 と 8 の間で 7、個数は 6 個、7 × 6 = 42)

○1 〜 10 までの和では、

例　1 + 2 + 3 + 4 + 5 + 6 + 7 + 8 + 9 + 10 = 5.5 × 10 = 55

(真ん中の数は 5 と 6 の間で 5.5、個数は 10 個、5.5 × 100 = 55)

○ガウスの計算 (1 〜 100) では、

例　1 + 2 + 3 + 4 + 5 + ……+96 + 97 + 98 + 99 + 100 = 5050

（真ん中の数は50と51の間で50.5、個数は100個、50.5 × 100 ＝ 5050）

★「センス・オブ・ワンダー」を感じる不思議な法則

イッツ アメージング！

等差数列で、その総和は、「真ん中の数×個数」で求められる。真ん中の数が、数の列にない場合、その間の数を見つけて計算すればよい。その数が、小数になってもできる。

基本問題

①九九表の答えの合計（和）はいくらになるでしょう。真ん中の数×個数で求めてみましょう。

　　答①　各段の和は、次のように求められます。

1	2	3	4	5	6	7	8	9	1の段の答えの和　5×9=45
2	4	6	8	10	12	14	16	18	2の段の答えの和　10×9=90
3	6	9	12	15	18	21	24	27	3の段の答えの和　15×9=135
4	8	12	16	20	24	28	32	36	4の段の答えの和　20×9=180
5	10	15	20	25	30	35	40	45	5の段の答えの和　25×9=225
6	12	18	24	30	36	42	48	54	6の段の答えの和　30×9=270
7	14	21	28	35	42	49	56	63	7の段の答えの和　35×9=315
8	16	24	32	40	48	56	64	72	8の段の答えの和　40×9=360
9	18	27	36	45	54	63	72	81	9の段の答えの和　45×9=405

各列の真ん中↑

図1-9　各段の和の求め方

②各段の和9つを等差数列とみて求めましょう。

　　答②　225 × 9＝2025　　　　　　　　　　　　2025

それぞれの段の和は 45 ＋ 90 ＋ 135 ＋……＋ 405 というように、等差 45、個数 9 個の等差数列になっています。その真ん中の数は、225 です。よって、和は **225 × 9 ＝ 2025** となります。九九の表の答え 81 個の総和は、2025 となります。

一方、表全体の配列に着目してみます。81 個の表（数）全体の真ん中の数は 25 と考えられます。そして、総個数は 81 個です。25 × 81 は、果たして総和になるのでしょうか？

25 × 81 ＝ 2025

なるのです。

さらに、**1 から 100 の数表の数の和**をこの考え方で求めてみるとどうなるでしょう。

まず、この表の真ん中の数はどこにあるか？　です。

45・46・55・56 の 4 つの数の間、（図 1-10）の ● のところに真ん中の数があると考えられます。その数は、(45 ＋ 56) ÷ 2 ＝ 50.5 または (46 ＋ 55) ÷ 2 ＝ 50.5 で、50.5 であることが分かります。さらに、(45 ＋ 46 ＋ 55 ＋ 56) ÷ 4 ＝ 50.5 でも求まります。真ん中の数は、50.5 となり、

図1-10　100までの数表（教具）

50.5 × 個数（100）で、5050 となり、1 ～ 100 の数表でも、真ん中の数 × 個数の式が成り立つことが分かります。

★「センス・オブ・ワンダー」を感じる不思議な法則

イッツ アメージング！

九九表の数の合計は、25 × 81 というように、表であっても、(表の) 真ん中の数×個数で求められるのは不思議である。100までの数表の数の合計もこの考え方で求められることも不思議な感じがする。

4 クガウス兄さんの速算術

「**クガウス兄さん**」の速算術を紹介しました。クガウス兄さんとは、拙著「子どもが飛びつく算数面白物語」(2003年明治図書) に出てくる第4話「数学の天才クガウス兄さん」(p32〜 35) の話です。この本の話は「サウンスとリンリンの算数物語」が原題です。名前の語源はサウンスが算数をもじったもの、クガウスがその兄

図1-11 クガウス兄さん

で、数学をもじったものです。余談ですが、数学を反対から読んだ「クガウス」が、その名前の中に「ガウス」が含まれていることに、偶然ですが、不思議さを感じてしまいました。

　クガウス兄さんが天才的な速算能力を発揮する場面が、この物語の第4話で、それは、次のような話です。この方法で、受講生と私 (クガウス役) で、実際にやってみました。

　1 〜 100 までの数表のある数を任意に決めてその数から連続する 10 個に○を付けます。その丸を付ける速さより速くクガウスはその合計を見つけるというのです。何と、ガウスの計算

の再来を思い起こしそうです。1から始まらない等差数列については、先に学んだ計算方法で求められますが、その速さが半端ないのです。○を付け終わるより先に言われてしまうのです。受講生がサウンスで、私がクガウスになって実演してみました。

1	2	3	4	5	6	7	8	9	10
11	12	13	14	15	16	17	18	19	20
21	22	23	24	25	26	27	28	29	30
31	32	33	34	35	36	37	38	39	40
41	42	43	44	45	46	47	48	49	50
51	52	53	54	55	56	57	58	59	60
61	62	63	64	65	66	67	68	69	70
71	72	73	74	75	76	77	78	79	80
81	82	83	84	85	86	87	88	89	90
91	92	93	94	95	96	97	98	99	100

図 1-12　44 から 10 個に○

　例えば、44 から 10 個○を付ける場面です。44、45、46、47、48、……とすごい勢いで○を付けていきますが、何と 47 を待たずに、クガウス役は、485 と合計が言えるのです。44 から 53 まで、その合計を求めると 485 になっています。もちろん正解です。ガウスの計算よりはるかに速いのです。

　種明かしをしました。クガウスは 10 個のうちの 5 番目の数に 5 を付けて求めただけだから、こんなに速く合計が言えたのです。

$$44 + 45 + 46 + 47 + \boxed{48} + 49 + 50 + 51 + 52 + 53$$

　　　　5 番目の数 ↑ ………48 に 5 を付けた「485」

　このようにできる理由について、図を用いて、説明しました。クガウスの求め方でいえば、どうなるでしょう。

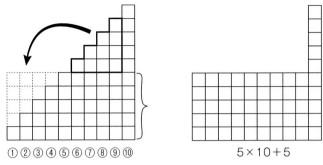

①②③④⑤⑥⑦⑧⑨⑩　　　　　5×10＋5

図1-13　クガウス兄さんの計算の説明図

　10個なので、5番目の数×10に5（48 × 10 ＋ 5）を付けると図のように求まるのです。

　真ん中の数×個数の考えでも説明できます。

$$44 + 45 + 46 + 47 + 48 + 49 + 50 + 51 + 52 + 53$$
真ん中の数 48.5 ⬆

　48 と 49 の真ん中の数、48.5 ですね。個数は 10 個なので、48.5 × 10 ＝ 485 となるのです。

【感　想】

＊真ん中の数×個数で、全体の数が分かるのですが、表でもできるというのが不思議でした。九九の表で、真ん中の数25、九九は81個あって、25×81＝2025になりました。手品のように感じました。（EU）

＊クガウス兄さんとは、サウンスとリンリンの算数物語の登場人物で、主人公サウンスの兄で、数学「すうがく」を逆から読んで名付けたものだそうですが、そこにガウスが入っているのに驚きました。でも、偶然ですよね。（SN）

⑤ 発展問題

　等差数列の和の**逆の問題**も必要だと考え、二次方程式で求める問題も発展問題として取り扱いました。発展問題の取り扱いについては p42【参考 1-1】を参照して下さい。

（発展問題）

①1 〜 n まで（等差1）の和が 66 になりました。n はいくつですか？　方程式を立てて求めなさい。

②人間ピラミッドを 40 人でやるとすれば、何段できて何人あまりますか？

　　　　　　　これで 15 人です。➡

図1-14　人間ピラミッド

　発展問題は次回に解答することにして講義を終えました。

答①

$$\frac{1}{2} n \times (n+1) = 66$$

$$n^2 + n = 132$$

$$n^2 + n - 132 = 0$$

$$(n + 12)(n - 11) = 0$$

$$n = 11 \text{ または } n = -12 \qquad 答　n は正、よって n = 11$$

答②

$$\frac{1}{2} n \times (n + 1) \leqq 40 \text{ (n は整数)}$$

$$n(n + 1) \leqq 80$$

n (n + 1) − 8 = 72

(n + 9) (n − 8) = 0　　　　　　答　n = 8

8段できて（36人）で4人あまる

【参考 1-1】「発展問題」について

　基本問題については、その時間内で解答し、答え合わせをしました。「発展問題については、研究室の前に解答を掲示しておくので、各自、見に来るようにして下さい」と言って、講義の初年度は、この方式をとっていましたが、受講生からは不評でした。3 年目ぐらいから、次の講義の初めに解答をすることにしました。考える時間を、個に応じて取ってもらうことが出来るようにと考えましたが、各学生にとっては、講義の時間割も詰まっていて、大変だったようです。

【参考 1-2】 「木工房 Coba」について

「不思議な算数」及び「続・不思議な算数」には、数々の木製教具が登場します。これらのほとんどは、**木工房 Coba**（東住吉区）の小林様の手作り製作によるものです。

　次の【参考 1-3】「100 マス教具の六変化」などは、大変手間がかかったことと存じます。どれも丁寧に仕上げていただいて、本シリーズを豊かなものにしていただきました。厚くお礼申し上げます。なお、前著作及び、本書では、次の作品は、Coba さん作製の教具を利用させていただきました。

「不思議な算数」
　・第 2 章 「アリの運動場」（p48）
「続・不思議な算数」
　・第 1 章 「100 マス教具の六変化」（p44）
※ p27，p31，p36 でも利用
　・第 5 章 「ハノイの塔の亀 3 代モデル」（p104）

　教具は、他にも作製しましたが、本シリーズでは紹介しきれませんでした。

【参考1-3】 教具：100マス教具の六変化

六面体を変化させて作る100個のマス

① 1～100の数表

② かけざん九九表

③ たしざん九九表

④ 九九アレイ図

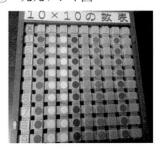

⑤ 10の合成・分解の図

⑥ 大きい数の位取り表

　　9766534347 の表示

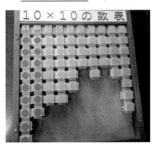

第 **2** 章

一休一休寒い？

It's amazing!

① 新算研全国（池田）大会の公開授業

　平成20（2008）年2月2日、第23回「小学校算数教育研究全国（池田）大会」が大阪教育大学附属池田小学校にて開催されました。主催は、新算数教育研究会、共催は、関西算数授業研究会（p60【参考2-1】参照）です。

　私は、当日の**特別公開授業**の授業者として、3年「**インド九九の秘密**」という公開授業をさせていただきました。

　その日、授業を終えて、帰路につく子どもたちは口々に「いっきゅういっきゅうさむい」「いっきゅういっきゅうさむい」……と叫び？　ながら、楽しそうに帰っていったのでした。さて、どういうことでしょう？

　大きな大会での授業公開としては、教員生活のなかでこの授業が最後になりました。本大会の参会者は1300人を超える記録的な人数が集結したのでした。嬉しかったことは、当時、文部科学省の小学校学習指導要領算数科の改訂の主査であられました橋本吉彦先生（現横浜国立大学名誉教授）、教科調査官の吉川成夫先生（現國學院大學教授）共にご参観いただけたことでした。

　私の授業は、当時、インドの算数・九九が話題になっていて、本当に20×20まであるのだろうか？　また、インド式計算法とはどのような方法なのか？　インド九九に関連させて、乗法の仕組みを通して、インド式計算について追究してみたいという思いから構成した授業でした。この授業の強烈な記憶を基に、算数概論「一休一休寒い？」と題して、講義の一つに取り上げたのでした。

　本時間（公開授業）の目標は、「20 × 20 までの乗法の計算について考える活動を通して、乗法の仕組みについて理解を深めるとともに数の感覚を豊かにし、筋道立てて説明する力を伸ばす」としています。本時は 2 位数 × 2 位数等の計算（筆算）の学習が終了した段階での発展的な学習として位置付け、1 時間扱いの指導計画としました。授業をさせていただく附属池田小学校では、飛び入り授業（他校の先生が研究のためにその学級で授業を行うこと）の機会が多く、子どもたちの反応は、臆することなく積極的になることが多いと言われていました。実際、授業をさせていただくと、予想通り、子どもたちは元気はつらつ、大成功の実感を得ました。この授業の内容を中心に、本講義「一休一休寒い？」の内容を構想し、当日の公開授業の流れに沿って、本講義を進めることにしたのでした。

② 20 × 20（インドの九九）までの答えをどのように求めていたのか？

　2007 年頃、世間では、「**インドの数学**」がよく話題にあがっていました。インドの九九（九九とは言えませんが）では 20 × 20 まであって、インドの子どもはそれらを覚えているなどと言われていました。一方、言葉の調子（リズム）に合わせて丸暗記的に覚えているのではなく「瞬時に計算しているのではないか」と考えている人もいたようです。現地インドを知るわけではなく、詳しいことは調べられていませんが、私は、ただ単に覚えるより瞬時に計算して答えを言えるようになっている方が、価値があるように感じていました。

　20 × 20 までの計算（十といくつ × 十といくつ）の積は（10

＋A）×（10＋B）と表してみると、この答えは100＋（A＋B）×10＋A×Bと表すことができます。3年生の「かけ算の筆算」において、2桁×2桁の筆算を学習していますが、この関係は、かけ算の仕組みそのものです。

　ここでは、20までの範囲なので、2つの数の十の位が共に1なので、10×10＝100が部分積として必ずあります。したがって、1桁程度のたし算の暗算で簡単に答えが求められます。例えば、13×19なら、これを部分積に分けると、100と30と90と27の和になります。それを、100と30と90と20と7と考えると、前の4つの数のたし算は、暗算で容易にできます。10と3と9と2で24（240）、それに7を付け加えて247が求まります。

　「インド式たし算かけ算数遊びドリル」（2007年小学館）では、「12×13では、100と（3＋2）×10と2×3と考え156がすぐに求められるという計算法」が紹介され、「インドの小学生は、20×20までのかけ算を暗記していますが、10の位が同数のかけ算をマスターしていれば、2桁の九九が簡単に答えられるようになります」と述べられているのです。つまり、単なる暗記ではなく、「**暗算も使って求めている**」のかも知れないと言うのです。

　当日の公開授業では、まず国（インド）の形の図形から、

図2-1　インドの国の形

インドという国に着目させ、インドでは日本の九九のようなかけ算の表が、20 × 20 まであったことについて触れました。当時、インド式計算法が話題となっていたので、子どもにも興味を感じさせることができたと思われます。

　（図2-2）は5の段の表ですが、講義でも、この表を提示することも取り入れました。

　日本では、小学校2年生で九九を学習する際、（図2-4）のような**アレイ図**を用いて、6の段～9の段は自ら構成するような学習が行われています。

　20 × 20 までを、日本の九九のように学習しようと考えると、縦に20個の○、横に20個の○が並んだアレイ図を用いる方法が思い浮かびます。講義では、このアレイ図（図2-5）でインド九九を考えてみることにしました。

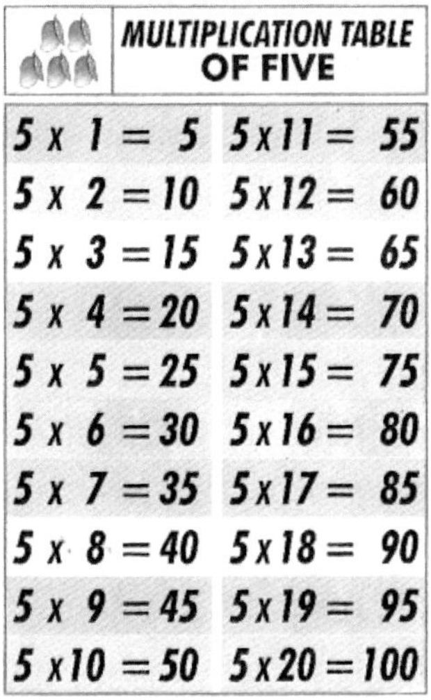

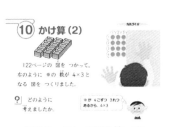

図2-3　アレイ図の使い方

図2-2　インド九九・5の段

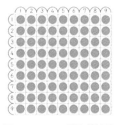

図2-4　アレイ図（教具）

図2-5　20×20の九九の4色アレイ図

このアレイ図で、例えば、インド九九の一つ、13×17を表現すると、(図2-6)のようになります。このように、4つの部分に分けてとらえることができます。色分けしているので、分かり易いです。式では、

13×17＝10×10＋3×10＋10×7＋3×7

となります。答えは221になります。このように分解して、図も意識しながら、計算してみることにしました。

まず、次のようなA（5題）

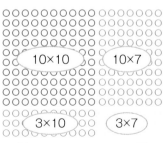

図2-6　13×17のアレイ図

と B（5 題）の計 10 題に取り組ませました。

A	B
13×19	14×16
11×18	15×15
17×16	19×11
12×14	12×18
15×16	13×17

少し時間がかかりましたが、すべて計算することができました。ここで答え合わせをしました。

A	B
$13 \times 19 = 247$	$14 \times 16 = 224$
$11 \times 18 = 198$	$15 \times 15 = 225$
$17 \times 16 = 272$	$19 \times 11 = 209$
$12 \times 14 = 168$	$12 \times 18 = 216$
$15 \times 16 = 240$	$13 \times 17 = 221$

次に、「Bの計算5題には、**秘密**があります。何か気がついた人はいませんか？」と尋ねました。AとBの式の違い、特にBの式の特徴を考えさせたのです。

そして、「答えの数が、かけ算の式の一の位の九九の答えになっている」ことに気づきました。

Bの式の一の位は、足すと 10 になっていることにも気づかせました。この特徴を有する計算が、このようになる理由を考え、アレイ図で、説明を行いました。式では、例えば、13×17

では、$13 \times 17 = (10 + 3) \times (10 + 7) = 10 \times 10 + 3 \times 10 + 10 \times 7 + 3 \times 7$ となって、一の位の3と7がたすと10なので、$10 \times 10 + 10 \times (3 + 7) = 200$ になって、あと 3×7 だから、221になるというわけです。アレイ図を用いると、その**仕組みが視覚的に**とらえられ、（図2-7）のように移動することによって、納得できるのです。

　この方法は、小学校の公開授業でも用いてましたが、小学生にも納得させることができました。

　講義では、一般的な式を用いて、理解を深めることにしました。

　$(10 + m) \times (10 + n) = 10 \times 10 + 10 \times (m + n) + m \times n$ となり、$m + n = 10$ ならば、**200 ＋ m × n** となるというわけです。こういう形の計算については、速やかに答えが出せるということです。「インドの子どもは、このような計算を頭のなかで、瞬時に計算して答えを言っているとしたら凄いことですが、そういう可能性もありますね。しかし、Bの式なら、日本の子ども

図2-7　13×17が200+21になる

でも簡単にできそうですね。」と言いました。

　そう考えると、次の（図2-8）の〇印の九九についてはすぐ答えがだせるということになります。

　Aの式についても、このようなかけ算の意味に基づいて計算しているとすれば、**少しの暗算力**で、瞬時に答えを出しているとも考えられます。しかし、実際のところについては謎のままです。

	1	2	3	4	5	6	7	8	9	10	11	12	13	14	15	16	17	18	19	20
1	1	2	3	4	5	6	7	8	9	10	11	12	13	14	15	16	17	18	19	20
2	2	4	6	8	10	12	14	16	18	20	22	24	26	28	30	32	34	36	38	40
3	3	6	9	12	15	18	21	24	27	30	33	36	39	42	45	48	51	54	57	60
4	4	8	12	16	20	24	28	32	36	40	44	48	52	56	60	64	68	72	76	80
5	5	10	15	20	25	30	35	40	45	50	55	60	65	70	75	80	85	90	95	100
6	6	12	18	24	30	36	42	48	54	60	66	72	78	84	90	96	102	108	114	120
7	7	14	21	28	35	42	49	56	63	70	77	84	91	98	105	112	119	126	133	140
8	8	16	24	32	40	48	56	64	72	80	88	96	104	112	120	128	136	144	152	160
9	9	18	27	36	45	54	63	72	81	90	99	108	117	126	135	144	153	162	171	180
10	10	20	30	40	50	60	70	80	90	100	110	120	130	140	150	160	170	180	190	200
11	11	22	33	44	55	66	77	88	99	110	121	132	143	154	165	176	187	198	209	220
12	12	24	36	48	60	72	84	96	108	120	132	144	156	168	180	192	204	216	228	240
13	13	26	39	52	65	78	91	104	117	130	143	156	169	182	195	208	221	234	247	260
14	14	28	42	56	70	84	98	112	126	140	154	168	182	196	210	224	238	252	266	280
15	15	30	45	60	75	90	105	120	135	150	165	180	195	210	225	240	255	270	285	300
16	16	32	48	64	80	96	112	128	144	160	176	192	208	224	240	256	272	288	304	320
17	17	34	51	68	85	102	119	136	153	170	187	204	221	238	255	272	289	306	323	340
18	18	46	54	72	90	108	126	144	162	180	198	216	234	252	270	288	306	324	342	360
19	19	38	57	76	95	114	133	152	171	190	209	228	247	266	285	304	323	342	361	380
20	20	40	60	80	100	120	140	160	180	200	220	240	260	280	300	320	340	360	380	400

図2-8　20×20までのかけ算の表

③ 20 × 20 より大きいかけ算では

さらに、何十の計算でも、この考え方が適用できる場合があります。例えば、次のような計算です。

　　㋐ 33 × 37 　　　㋑ 45 × 45 　　　㋒ 76 × 74

これらの計算の特徴は、十の位の数が同じで、一の位が足して 10 になっている計算です。これらの計算は、**十の位の数と十の位に 1 を足した数をかけて、一の位どうしをかけたら答が見つかるのです。**この 3 題について、この方法でやったあと、答えを確かめました。

　　㋐なら、3 × (3 + 1) = 12 　　　 3 × 7 = 21
　　　答　1221 　　　・確かめ　33 × 37 = 1221

　　㋑なら、4 × (4 + 1) = 20 　　　 5 × 5 = 25
　　　答　2025 　　　・確かめ　45 × 45 = 2025

　　㋒なら、7 × (7 + 1) = 56 　　　 6 × 4 = 24
　　　答　5624 　　　・確かめ　76 × 74 = 5624

というように、答が見つけられます。

この方法も、先の (図 2-7) のように (図 2-9) のように説明することができます。30 × 7 と 3 × 30 で、30 × (7 + 3) になって、30 × 30 + 30 × 10 = 30 × 40 に、あと 3 × 7 が付け加わると

考えられます。

$30 \times 40 + 3 \times 7 = 1221$

以前、算数の教科書でも取り上げられていたことがあったと記憶しています。（いつ、どの教科書だったかは定かではありませんが）

この方法も講義で取り扱いました。

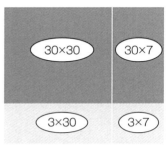

図2-9　33×37の図

★「センス・オブ・ワンダー」を感じる不思議な法則

イッツ アメージング！

アレイ図などで、一の位を足して10になる計算の仕組みが、視覚的に理解することができる。計算の仕組みを図で納得できるというのは凄いと思う。

【感想】

＊テレビでインドの人が早く計算しているのをみたことがあります。インドの人の頭の中では何が思い浮かんでいるのか不思議に思いました。日本のような九九はないというので、多分計算しているのだと私は思います。アレイ図なども思い浮かべているのかもしれません。(YU)

＊一の位を足して10になるかけ算は、簡単に答えがでることが分かりました。なぜそうなるかもアレイ図で説明されると納得できました。アレイ図はすごく分かり易かったです。(MM)

＊20×20のかけ算の表を見た時は、驚きました。この表全部を暗記するのは大変です。やはり、インドの人は素早く暗算していると思います。そして、数多くやっているうちに覚えていくのだと思いま

した。私は、小学校2年の時、九九を覚えるのに苦労した記憶があります。でも、今は完璧です。塾の講師のアルバイトもしているので、当たり前ですよね。(AO)

④ 日本の11×11以上の「2桁のかけ算かるた」（一九一九）

日本の九九については、算数教科書で、覚えるための**語呂**とともに載っています。また、家庭用教材として、歌にしたCD「ドラえもん九九の歌CDブック」（2011年小学館）なども発売されています。楽しい教材の一つとして、受講生にも紹介し、聞かせました。

また、日本式のことばの語呂で覚える九九（19×19までのもの）については、右のような本を見つけたので、一部紹介しました。（図2-10）「二

図2-10　一九一九の本

桁のかけ算かるた一九一九（いくいく）」（2006年幻冬舎）というもので19×19までを、覚えやすく紹介しています。19については、一九（一休）として、11はヒヒ、13はいっさ（一茶）とするなどして工夫しているのです。

例えば、次のような言い回しがあります。

13×13 = 169なら、「一茶一茶、一人でロック」

11×15 = 165なら、「ヒヒの五つ子、いい老後」

19×19 = 361なら、「一休一休、寒い」

……といった具合です。

　こじつけのような感じで違和感ももちますが、この本では、脱力ダジャレの**爆笑記憶法**と言っています。ユーモアたっぷりで、面白さも感じたので、講義で紹介しました。このことが、本講義のタイトル「**一休一休寒い**」であり、公開授業でも講義でも、「19 × 19 = 361 は一生忘れないでしょう」と述べて、印象付けたのでした。

【感 想】
* 面白いことを考える人がいるのだなあと思いました。19を一九（いっきゅう）と読むのは、分かり易いですが、11を（ヒヒ）と読むのは変です。この覚え方はあまり、はやらないような気がします。（YH）
* インドでは、暗算的に答えを出していて、日本は言葉で暗記すると考えると、やはり負けています。日本では、人によっては、そろばん式の暗算が力を発揮するのではないでしょうか？（KD）
* いっきゅういっきゅう寒いで、19 × 19 = 361 は一生忘れないと思います。この計算を使う場面があると自慢できそうです。（SD）

★「センス・オブ・ワンダー」を感じる不思議な法則

11 × 11 から 19 × 19 までのかけ算を覚えやすくするために簡単な語呂と絵を用意した「一九一九（いくいく）」を考えた人がいた。何と面白い覚え方なのだろう！
特に「一休一休寒い 19 × 19 = 361 は一生忘れないでしょう」

イッツ
アメージング！

⑤ 基本問題と発展問題

　いつも、講義では、いくつか基本問題や発展問題 (p42【参考 1-1】参照) を与えるようにしていました。基本問題は、講義で学習したことを活用して解く問題、発展問題は、思考を要する問題で、新しいことに気付くような問題を工夫しました。本講義では、次のような問題を与えました。

基本問題

①次の計算をしなさい。一の位の数をたすと 10 になり、十の位が同じ数のかけ算です。

(1) 93×97

(2) 88×82

(3) 75×75

(4) 46×44

【答】①　(1)9021　(2)7216　(3)5625　(4)2024

② $11 \times 11 = 121$、$111 \times 111 = 12321$、$1111 \times 1111 = 1234321$ となります。

では、11111×11111 を計算せずに答えを言いなさい。

【答】②　$11111 \times 11111 = 123454321$

（発展問題）

①次の2つの計算をしましょう。

(1) 36×84　63×48

(2) 84×24　48×42

このように十の位と一の位を入れ替えてかけても、答えが同じになる計算（式）があります。この2つの計算（式）には、どのような関係がありますか？　説明してみましょう。

【答】①

(1) 36×84 も 63×48 のどちらも 3024 になります。

わけ

36×84 は、30×80 と 30×4、6×80 と 6×4 の和になります。

63×48 は、60×40 と 60×8、3×40 と 3×8 の和になります。

＊十の位どうしかけた数 $3 \times 8 = 24$、$6 \times 4 = 24$

　一の位どうしかけた数 $6 \times 4 = 24$、$3 \times 8 = 24$

のように答えが両方とも 24 で同じになっている場合は、答えは同じになります。

(2) 84×24 も 48×42 のどちらも 2016 になります。

＊十の位どうしかけた数 $8 \times 2 = 16$、$4 \times 4 = 16$

　一の位どうしかけた数 $4 \times 4 = 16$、$8 \times 2 = 16$

のように答えが 16 で同じになっているので、答えは同じになります。

基本問題について、解答をして本講義を終えました。

発展問題の解答は、次の講義の冒頭に行いました。

【参考2-1】 「関西算数授業研究会」について

　関西算数授業研究会は、平成17年度に、堀俊一先生（当時帝塚山学園小学校長）と佐藤学先生（現秋田大学教授・当時大阪教育大学附属池田小学校教諭）らと私によって創設した組織です。関西一円を基盤として、公立小学校、国立附属小、私立小学校等の算数の授業研究をしたい者が集い、会員の算数授業力の向上と参加教員の力量を高めることを目的とした研究会であります。

　第1回大会を2005年8月27日に開催、その後毎年1回、大阪教育大学附属池田小学校を会場として、授業公開と研究協議を実施し、現在、第15回大会（令和元年度）を終えたところです。2020年度は、コロナ禍で中止になりました。私は、令和元年度（2019年3月）で15年間務めた「顧問」の役を、甲南女子大学退職と同時に退任しましたが、一会員として本研究会の今後の歩みに期待しているところです。

　詳しくは、「関西算数授業研究会編著、『数学的に考える力を育てる実践事例30』」の拙論「**関西算数授業研究会の歩みと『算数授業力』**」（p136～140）をご覧下さい。また、ホームページも開設されています。ご参照下さい。

第 3 章

筆算を広めた男

It's amazing!

① 福田理軒と和算について

2015 年のある日、突然「北海道新聞」から電話がありました。丸山健夫著「筆算を広めた男」（2015 年臨川書店）という本の**書評**を書いてほしいという依頼でした。その本は、**福田理軒**という算学の大家を主人公とする幕末から明治の初めの**算数物語**でした。

図3-1　筆算を広めた男

丸山健夫氏（武庫川女子大学教授）は昔の仕事仲間で、彼（著者）から推薦していただいたとのことでした。和算に少し興味があったし、旧知の方からのご依頼を引き受けないわけにはいきません。読み進めていくと、私には未知のことが多く、四苦八苦しながら何とか書評を書き上げさせていただきました。

書評については、p83 ～ 84【参考 3-4】に掲載しています。

この書評の依頼を引き受けたことを契機として、2016 年度より、「算数概論」で和算を題材とした講義を構成することを決め、その題を「筆算を広めた男」とし、書名と同じにしたのでした。

講義では、まず、当時の「和算」の塾の風景を感じさせるために、「筆算を広めた男」に登場する**数学塾**の風景を提示することから入りました。（図 3-2　江戸の数学塾風景）そして、この絵を描写している「筆算を広めた男」の記述を、受講生に読ませ

て、当時の雰囲気を想像させ
ました。

図3-2　江戸の数学塾風景

> 「塾の授業、見学できますか？」
> 「ご子息のほうですか？　それ
> ともお父上のほうで？」
> 　当時の算学塾には、子ども向
> け教室と大人向け教室といえる
> コースがあった。ふたつのコー
> スは、その教える内容がまったくちがっていた。
>
> 　子どものメインは、そろばんだ。ただ、そろばんなら寺子屋でも習
> うことができたはずだ。それをわざわざ高いお金を出して、数学の専
> 門塾に通わせようというのだから、塾生の親は、それなりのお金持ち
> だったにちがいない。……
>
> 　「ほれ見てみ。みんな一生懸命勉強してはるやろ」「ほんまや」「おま
> えも、ここで、そろばん教えてもらうか？」
>
> 　そんな会話が聞こえてくる。……略

といったやりとりの想像が記述されていました。どうやら、右
手奥の大先生は、福田理軒先生の
ようです。

　次に、「福田理軒」について、肖
像画とともに、簡単に紹介をしま
した。

　大阪市にある緒方洪庵の**適塾**
（今も記念館として残る）に当時の
「医者や学者の番付」の表がありま
す。そこで、緒方洪庵の名前のふた

図3-3　福田理軒

つ上に福田理軒が書かれているそうです。福田理軒は、江戸時代の大坂で有名だった順天堂という算学塾の塾長であり経営者であって、そろばんの計算から測量、そして天文学まで幅広い年齢層の者が塾生として理軒のもとで学んだそうです。

　大坂出身の、幕末から明治（1815～1889）にかけての数学者（当時は算学家といわれた）で、数学の塾「順天堂塾」を開いた。「測量集成」「西算速知」などを著した。「西算速知」の中で、筆算を最初に日本で紹介したので、筆算を広めた男と言われている。[洋算と和算の優劣は？]と尋ねられて、福田理軒は、「現象があれば、必ずそこに数がある。その数は、一定の法則に従い数式を作る。その原理は世界中、どこでも同じだ。和算と洋算の本質は変わらず優劣はない」と述べたそうである。

　彼は文明開化を数学で促進したかったのではないかと私は感じました。

　当時の計算（筆算）についても紹介しました。福田理軒著「西算速知」によると、（図3-4）のように漢数字で筆算をしていたようなのです。

　受講生の驚きが感じられました。算用数字（アラビア数字）は、昔からあったと思っていた受講生が多かったようで、明治維新・文明開化によって、数字が使われ始めたことは意外だったようです。0が無く、0にあたるところは空欄になっています。0やアラビア数字は、江戸末期に使われ始め、明治初期の学校教育（1972年学制発布）とともに普及した

一			1
一	二		1 2
二	四		2 4
三	八	←	3 8
六			6 0
九	五		9 5
二 二	九		2 2 9

図3-4　漢数字の筆算

ということです。和算の定義については、次のような定義（城地茂著「和算の再発見」より）を紹介しました。

「**和算**という用語は、明治10年（1877）年に、東京数学会社（現在の日本数学会）で、西洋数学（洋算）を使うことが決定し、それに対して江戸時代までの数学を指した言葉である。したがって最初は、現在の狭義の定義ともいえる日本近世の数学、とくに関孝和（1645？〜1708）以降の数学を和算ということもできる。やがて、明治前の日本での数学すべてを指すようにもなり、広義の意味での和算という言葉も使われている。」

　そして、和算の具体例の一つとして身近に知られている「鶴亀算」を取り上げることにしたのでした。

【感　想】

＊数字が、明治維新で日本に入ってきたことをはっきりと知りませんでした。歴史で習ったのかなあ？　私は江戸時代も数字を使っていたと思い込んでいました。案外、新しいことに驚きました。(UO)

＊漢数字の筆算は、奇妙に感じます。それに、0がないなんて考えられません。今の数字を使いすぎてて、便利すぎてて、数字のない世界では生きられないと思いました。江戸時代の子どもは大変だったような気がします。(MK)

★「センス・オブ・ワンダー」を感じる不思議な法則

和算では、今の数字（アラビア数字）が無く、漢数字で筆算をしていたこと、また0も無く、その場所を空けているだけの筆算のやり方を知って、驚きである。数字を使って計算する今の算数数学にすっかり慣れている我々にとっては謎多き世界に感じる。

イッツ
アメージング！

② 鶴亀算

　鶴亀算は、現在の算数の教科書でも取り扱われています。その、取り扱い方に、次のような2種類があり、その2つの例を紹介しました。

　1つは、和算としての鶴亀算として扱う場合(A)、もう1つは「表を使って解く」文章の問題として取り扱っている場合(B)があります。(A)は「東京書籍平成27年度版算数6年」から、(B)は「啓林館平成27年度版算数6年」から引用し、知らせました。

　(A)では、「和算は、江戸時代に日本で独自に発達した数学です。分野によっては、西洋の数学に負けないくらい高度なものもありました。江戸時代には、たくさんの人々が和算の問題にちょう戦し、楽しんでいたようです。みなさんも、和算の問題にちょう戦してみましょう。」と和算について簡単な前書きがあり、この後、教科書では、鶴亀算、油分け算、入れ子算の問題を取り扱っています。鶴亀算については、(図3-5)のような問

図3-5　和算鶴亀算の問題例

題でした。

　この教科書で、本時の目標は、「和算にふれることを通して、算数・数学に関する興味を広げる。」となっています。「**和算コース**」と題して、表を使った解き方と、江戸時代の数学者である今村知商の解き方（公式）を示して、江戸時代の和算について知ってほしいという意図が感じられます。

　一方、(B)では、「**変わり方を調べて**」と題して、次のような鶴や亀ではない問題（ノートの値段と冊数）を取り扱っていました。本時のねらいは「2つの数量を順に変化させて、その和の変わり方のきまりをみつけて、問題を解くことができる。」です。しかし、数量の関係（構造）は、鶴亀算と同じです。

> 1冊120円のノートと1冊100円のノートが、あわせて50冊売れました。
>
> 　ノート50冊の売上高は5300円でした。
>
> 　120円のノートと100円のノートは、それぞれ何冊売れましたか。
>
> 120円
>
> 100円

「表にかいてきまりをみつけましょう。」と導き、次のような表で解決する思考法を身に付けさせようと意図していることが分かります。

120円のノート（冊）	0	1	2	……		
100円のノート（冊）	50	49	48			
売　上　高（円）	5000	5020	5040			5300

　このように教科書によって、(A)と(B)のような扱いの差異があること、そして、授業においては教材の意図（ねらい）を知ることの大切さを知らせました。

　これらは、数学的な構造からみると、どちらも次のような、連立方程式で解決できるところに共通点があります。

（A）については、

　鶴の数 X、亀の数 Y とすると、

　　X ＋ Y ＝ 10

　　2X ＋ 4Y ＝ 28

（B）については、

　120 円のノート X 冊、100 円ノート Y 冊とすると、

　　X ＋ Y ＝ 50

　　120X ＋ 100Y ＝ 5300

　連立方程式の形からみると同じです。しかし、「鶴亀」と「ノート」のちがいが、異なる問題のような印象を醸し出します。同じだと見つける（気づく）ためには、鶴亀とノートを**同定**（同一であるとみきわめること）できる能力が必要であり、算数の学習の中で、そのような見方ができることが大切であると考えられます。

　ここで、連立方程式のない時代の解き方に目を向けることにしました。昔の解き方（和算的な解法）に関して、次のような記述（「東京書籍平成 27 年度版算数 6 年指導書」より）があります。「5 世紀ごろの中国の数学書、孫子算経にある問題が基であるといわれている。はじめは雉と兎であったが、『算法天鼠指南録』（坂部広胖著 1810 年）の中で鶴と亀になった。孫子算経の問題は、今、雉と兎が同じかごの中にいる。上から見ると頭が 35 ある。下から見ると足が 94 ある。雉と兎はそれぞれいくらずついるかであり、その解法については、孫子算経の中では、次のような解き方を示している。94 本の足の半分を数えて、47

を得る。足数の半分で、頭の数の 35 をひいて 12 を得る。これ
が兎の数である。さらに、頭の数の 35 から 12 をひくと雉の数
23 になる。現在の式では、94 ÷ 2 − 35 = 12、35 − 12 = 23 と
なる。これは、足を半分にしてすべてを雉と仮定して解決して
いる。」

　受講生の多くは、このような鶴亀算の場合、中学校数学で学
習した連立方程式を使って解こうとします。方程式など西洋の
数学が取り入れられるようになったのは、明治以降です。ここ
では、和算に焦点を当て、次に、和算的な解法と方程式による
解法の相違点を明らかにしました。

　まず、鶴の数 X、亀の数 Y とし、立式し、連立方程式で解い
てみることから始めました。

　連立方程式を立て、形式的に処理する（方程式を解いて求め
る）方法を、私は「**形式処理**」と呼んでいました。和算の世界で
は、どのように解くのでしょうか？

　深川和久著「和算的思考力をつける」（2005 年ペレ出版）によ
ると、次のような方法で考えることを説明しています。

　もしも、10 匹が全部亀だとしたら、脚の数が、4 × 10 = 40

　実際との違いが、40 − 28 = 12、12 本であることを導く。

　この違いから、亀の数を調べる。

亀1匹を鶴1匹に置き換える。

　このように 1 匹置き換えると、脚が 2 本減ります。

　12 本減るためには 12 ÷ 2 = 6　　鶴の数　6匹、亀の数
4匹

　このように事象を処理して答えを得る方法を「形式処理」に
対して「**事象処理**」と呼んでいました。連立方程式が未習の小

学校段階では、必然的に事象処理の方法で解決することになりますが、それがいわゆる「文章題」といわれるもので、考え方を育成する教材となると考えられます。

　そこでは、数量の変化のようすが具体的に見えて、事象として動的に解決し、納得することが大切です。そのための一つの方法として考えた事象処理を視覚化する方法として、実演の観点を具体化した「**鶴亀カード**」を用いる実践を**体験**させることにしたのでした。

▌③ 鶴亀カードの実践

　鶴亀カードの実践については、新たな問題を用いることにしました。それは、落語に出てくる問題です。落語という話の中でも、「鶴亀算」が出てくるということの面白さを知らせたいという意図もあったからです。

　桂文枝さんの創作落語で、題は「宿題」です。子どもが塾の宿題を父に訊ねる場面として鶴亀算が出てきます。

　それは、次のような話（概略）です。

　問「池の周りに鶴と亀が集まりました。頭の数を数えると16。足の数を数えると44本ありました。鶴は何羽で、亀は何匹でしょう。」が問題です

　父親が、第一声、「池の周りに鶴と亀が集まるか？」「見たことない」……次に「頭の数を数えると16？　これは問題がおかしい、先生に言え！　頭見たら鶴か亀かわかるやろ」と言います。次の日、会社で松本君（後輩）に教えてもらうんです。松本

君、曰く「全部で16いるんですけど、全部を鶴としたらどうなりますか？」連立方程式を知らない小学生向け解き方ですね。父親は「その方が綺麗と思う、亀はいない方がいい」といったやりとりが続くんです。……（創作落語「宿題」より抜粋）

　これが面白いのですね。落語になっているのです。

　私は、**繁昌亭**（2006年に誕生した上方落語中心の寄席、大阪の名所）で、この落語（演者笑福亭銀瓶）を生で聞いたことがあります。私自身が、面白くって大笑いし、講義でも是非紹介したいと考えていたのです。

　この話に出てくる鶴亀算について、鶴亀カードで考えてみることにしました。

問題
> 鶴と亀　合わせて16　脚の数　合わせて44
> 鶴は何匹？　亀は何匹？

まず、連立方程式で答えを求めました。

$$鶴　X 匹、亀　Y 匹　とすると$$

$$X + Y = 16$$

$$2X + 4Y = 44$$

この連立方程式を解きます。　　　$X = 10$　　　　$Y = 6$

和算的な解法では、次のようになります。

もしも、16匹が全部亀だとしたら、$4 \times 16 = 64$

実際との違いが、$64 - 44 = 20$、20本であることを導く。

この違いから、亀の数を調べる。

<u>亀1匹の代わりに鶴1匹を置き換える。（脚が2本減る）</u>

10本減るためには $20 \div 2 = 10$　　　　鶴の数　10匹が求まる。

この解法を実演の観点から、「鶴亀カード」を活用して、みんなで考えることにしました。

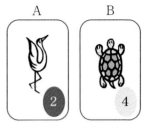

図3-5　鶴亀カード

「**鶴亀カード**」とは、（図3-5) のように、鶴と亀の絵がそれぞれに1匹ずつ描いてあり下に脚の数が描いてあるカードで、鶴を裏返すと亀になります。脚は2 ➡ 4と変化し2つ増えることが目に見えるのです。これは、筆者がオリジナルの教具として考案したものです。

鶴亀算の和算的解法において、数の変化を視覚的にとらえさせる教具として工夫していて、使い方は、次の通りです。

全部、鶴だとすると脚の数は、2 × 16 = 32　です。（図3-6）

一つ亀にすると脚は、2から4になり、脚は2つ増えます。

32 + 2 = 34　もう一つ亀にすると脚は、また、2つ増えます。

34 + 2 = 36

一つ鶴が亀に替わる毎に、脚は2つずつ増えていきます。鶴亀カードを裏返すという操作によって、脚の数の増減を目で見て実感としてとらえさせることができます。

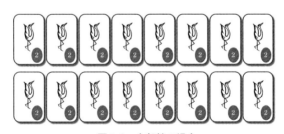

図3-6　全部鶴の場合

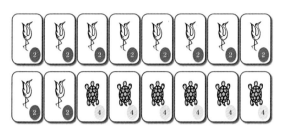

図3-7　6匹が亀の場合

　36、38……44　　44になるのは、脚が12増えた時、つまり6匹が亀に替わった時です。（図3-7）よって、求める数は亀が6匹、鶴が10匹となります。

　教科書（啓林館令和2年版6年p178〜179）では、変わり方の表を使って解く場合、（表3-8）のようになります。個々の変化を、鶴亀カードで操作することによって、鶴➡亀の数の変化と脚の数の変化が**視覚的**にとらえられ、表の一つ一つの変化の意味も分かり、求め方の理解が深まります。江戸時代の和算で、鶴亀カードを使っていたわけではありませんが、方程式を使わない和算の解き方を具体物の操作で実演してみると、このようになるのではないかと考えられるので、実演の観点から、本講義で取り扱うことにしました。

　全部鶴と考えるところからスタートした場合の表は次の通りです。

図3-8（鶴のカードと亀のカードの表「おもて」の枚数の変化）

鶴のカード（枚）	16	15	14	13	12	11	10
亀のカード（枚）	0	1	2	3	4	5	6
脚の数	32	34	36	38	40	42	44

【感想】

＊私も、落語の話にあったように鶴と亀は脚を見ても分かるし、頭を見ても分かると思います。でも、算数の問題は、どちらも同じように数だけわかっていると考えるのだと思います。昔の人は、こんな問題をよく考えたなあと感心します。昔は雉と兎だったという話もなんか想像すると面白かったです。(HT)

＊鶴亀カードは分かり易かったです。鶴が亀に替わったり、亀が鶴に替わったりすると脚の数が２ずつ増えたり、減ったりすることが目に見えてよく分かりました。でも、大きい数の鶴亀算をこれでやるのは、カードを用意するのが大変だと思います。(KO)

④ 算額とは

　次に算額についても取り上げました。次のように、簡単に説明し、教科書に出ている算額の問題（図3-9）（「東京書籍平成27年度版算数6年 p219 より」）を基本問題として取り組ませました。

　算額とは、和算の問題をつくり、問題、解き方、答えを板に書いて神社や寺に納めたものです。江戸時代に日本で全国的に流行し、現在も約900面の算額が残っています。算額の問題は、難しいものが多いですが、中には小学生でも解けるものがあります。

（基本問題）

　算額の問題を解いてみましょう。（この問題文は、現代文になおされています。）

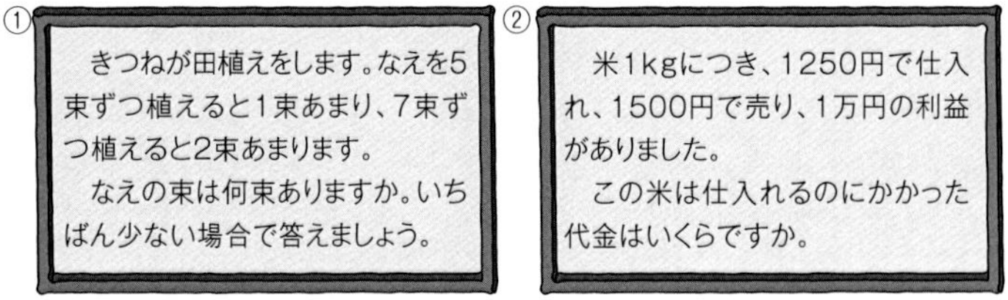

① きつねが田植えをします。なえを5束ずつ植えると1束あまり、7束ずつ植えると2束あまります。
　なえの束は何束ありますか。いちばん少ない場合で答えましょう。

福島県田村郡三春町稲荷神社

② 米1kgにつき、1250円で仕入れ、1500円で売り、1万円の利益がありました。
　この米は仕入れるのにかかった代金はいくらですか。

群馬県太田市田中神社

図3-9　算額の問題例

答①

5束ずつ植えると1束余る数

　6・11・⑯・21……

7束ずつ植えると2余る数

　9・⑯・23・30……

答えは16束

答②

1500 − 1250 = 250

10000円の利益があったので、10000 ÷ 250 = 40　40kg売れた。

1250 × 40 = 50000　　　　答えは50000円

　このような易しい問題も算額にあったことを紹介することで、和算は難しいというイメージを払拭したいと考えたのです。

　一方、算額の少し難しい問題（図3-10）の例も取り上げました。当時は、xやyではなく甲・乙・丙・丁（こう・おつ・へい・

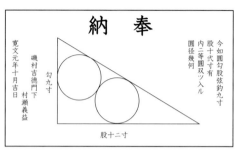

図3-10 天地明察の算額の問題

てい）など漢字が使われていて、数値の単位は「寸」でした。奉
納した人物の名前や日付が書かれています。まず、問題文を解
釈することから始めないとなりません。本問題の解き方は難解
なので、解答例等は示さず、「知りたい人は個別に解説します」
と言って、このような問題が、全国に算額として、900以上も
残っているということのみ伝えました。

　問題は「今、釣（高さ）が九寸、股（底辺が十二寸）の勾股弦（直
角三角形）がある。その内部に、図の如く、直径が等しい円を二
つ入れる。円の直径を問う」となり
ます。

　本問題は（図3-11「**天地明察**」）と
いう小説の冒頭（p23 ～ 24）に出て
くる算額の問題です。小説「天地明
察」については、「江戸時代のある人
物を描いた話で、和算や算額が登場
する小説」という程度の説明に留め
ました。天地明察は書籍とともに、

図3-11 天地明察（上）

映画にもなって公開（2012年）されました。映画ファンの私は、勿論、鑑賞しました。ただ、映画の中には、この問題は出てきませんでした。

「こんな難しい問題を江戸時代の人は、数字もxもyもない中で解いていたことが、**凄く不思議ですね。**」と言って、さらに、「この算額の問題の解答を知りたい人は研究室に来て下さい」とアナウンスし、講義を終えました。

> 【感 想】
> ＊先生が言ってたように、江戸時代の人は、数字もなく、方程式も知らない中で、難しい数学の問題を解いていたことが、不思議です。それに、算額では、あまり解き方は示されていなくて答えだけが示されているものが多いそうです。タイムスリップして、解いている様子を間近で見てみたいものです。(KN)
> ＊数学の問題が解けたり、考えたりすることが、神様と関係あると考えて、神社に奉納したのでしょう。当時の人々は、数学のひらめきは神様のお告げと思ったのかも知れません。(AY)

★「センス・オブ・ワンダー」を感じる不思議な法則

算額の問題などには、数学的に難問と考えられる問題も数多く見られる。アラビア数字や文字式、方程式もなかった時代にどのようにして解決していたのか、その様子を想像してみるが、なかなか想像しがたい不思議な謎多き世界である。

イッツ アメージング！

【参考3-1】 特定非営利法人「**和算問題教材化研究会**」

特定非営利法人「和算問題教材化研究会」の定款に示された目的は「日本古来の文化である和算に関する問題を調査・研究することにより、小中高生及び学校教育機関に提供する教材化活動を通した啓発活動を行い、和風文化の振興・発展に寄与することを目的とする。」であります。「筆算を広めた男」の書評を書いた頃、平野年光先生（元京都女子大学教授）が理事長を務めておられます本会（会員）に入会いたしました。本会の活動等については、本会のホームページ「**和算の広場**」をご参照ください。

そして、会誌の「和文化随想」のコーナーへの投稿を勧められ、会誌「**和文化数学第5号**」（2021年6月）に投稿させていただきました。「和文化随想『算額最中』」と題して、ある算額の問題の一つ（「たばやさん」の算額最中の登録商標の問題）に挑戦した経緯を語っています。実際の投稿原稿の内容はp79【参考3-2】の通りです。

【参考3-2】「和文化随想『算額最中』」（和文化数学第5号　p1〜5）

　毎日文化ホールにて「暮らしの数学」という講座を受講していた時のことです。奈良在住の講師T先生から、「算額最中」の紹介がありました。早速「たばやさん」から、ネットで購入すると、算額レプリカの写真も一緒に送っていただきました。美味しいのは、もちろんですが、その紋様は、4種の円を組み合わせた左右対称の美しい図柄（右図）でした。この図柄は「たばや」の登録商標だそうです。本問題を解いてみた

いと思い、数学の得意そうな二人の知人にヒントをもらいながら、何とか解決しました。その際の手書きの「解答メモ」*を添えます。

　やってみて、やはり和算の謎はますます深まります。現代の数学的な手法（文字の式や筆算・電卓等）を使わずにどのように解決したのかという疑問です。大きい数の計算はどのようにこなしていたのか、デカルトの円定理はどのように表現していたのか？　といったことです。和算の問題を現代数学で解決できても、そのあたりの謎が、和算の面白さを増幅してくれているように感じます。

　「算額最中」には、次のような伝説があります。

　「たばや」の先祖森内弥三郎は、江戸の終わりから明治の初め、この大和結崎の地で算術を指南する一方、自らもまたその研鑽に日夜励ん

でおりました。当時は、優れた問題を考案したり、その解答を得た時には、感謝の意を込めて数学の絵馬、算額を寺社に奉納する風習がありました。弥三郎もこれに習って、小泉の庚申街道寺に算額を奉納して、修業の精進達成を感謝しております。算額最中の文様は、この時弥三郎が奉納した算額に今も残る図柄でございます。浄願成就、吉祥の印として、お買い上げ頂いた皆様のご清福とご多幸を祈念申し上げるべく、ここに復刻致しました。」

（「算額最中の由来」から一部抜粋）

あとで気がついたのですが、小寺裕著「江戸の数学和算」（2010 年技術評論社）の p138 で、算額最中の問題や「たばやさん」の住所などが紹介されていたのです。

〒 636-0202　奈良県磯城郡川西町結崎 571
御菓子司　たばや
℡　0745 － 43 － 1701

＊手書きの解答メモについては「**和文化数学第 5 号**」の p2 〜 4 をご覧ください。

【参考3-3】 「天地明察」の算額問題の解答例

興味を示した受講生には、次のような解答例を説明しました。

・直角三角形の中に、円が1つ内接する場合を考えます。

・AC=9、CB=12なので、AB=15（三平方の定理）

・円の半径 r 中心 O とすると、$\triangle AOB = 15 \times r \times \dfrac{1}{2}$

$$\triangle AOC = 9 \times r \times \dfrac{1}{2}$$

$$\triangle COB = 12 \times r \times \dfrac{1}{2}$$

・$\triangle ABC = 36 \times r \times \dfrac{1}{2} = 18r = 12 \times 9 \times \dfrac{1}{2} = 54$

$$r = 3$$

AF = 9 − 3 = 6 = AD（半径の2倍）

BE = 12 − 3 = 9 = BD（半径の3倍）

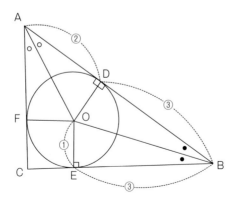

・この直角三角形に円を2つ内接させると次のようになります。

・円の半径 X とすると、$AD_1=2X$ 　$D_1D_2=2X$ 　$D_2B=3X$

・AB=7X となり、7X=15 　 $X=\dfrac{15}{7}$ となります。

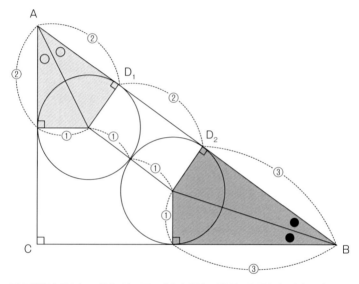

円の半径を①として考えると、図のような長さの関係になります。直角三角形の斜辺に注目すると、②+②+③＝⑦で、15寸なので、円の直径は②＝15×$\dfrac{2}{7}=\dfrac{30}{7}$寸です。

【参考3-4】 北海道新聞書評の「筆算を広めた男」
（北海道新聞2015年7月15日・第26103号掲載全文）

書評 丸山健夫著「筆算を広めた男」

小西豊文

「福田理軒は、幕末明治に活躍した数学者である。この物語は、伝記、歴史、数学の3つの舞台を行き来する壮大なドラマである。理軒の人生を追っかけているかと思えば、いつしか数学の問題に没頭している私（読者）がいる。かと思えば、幕末明治の歴史的風景に浸っている。ストーリーが読み手の思考を揺さぶり刺激的だ。黒船来航の歴史の舞台から、理軒の書「測量集成」の測量学（数学）の舞台に入っていく。量尺や量地儀などの測量機器も紹介され、「どうしたら黒船に大砲を命中させることができるか」などを扱い「黒船をやっつけろ」を書のテーマにしているところは痛快だ。そして「日本の西洋数学書」の話に入り、アラビア数字や九九など数学教育の歴史の一部も語られる。その後、理軒の書「西算速知」が紹介され、この本で最初に西洋の計算法「筆算」を紹介したことが「筆算をひろめた男」といわれる所以である。「筆算」とは位取りの原理に基づき、紙に途中の過程をメモしながら答を求める計算法である。この時以降、日本の数学の中心的な内容として今日に至っていることから、いかに重要な転機であったかと思う。和算の計算法は算盤だが、それも高度な技であり、それに代わる筆算もまた高度な算術だったのである。もし、現代の子どもがこの時代にタイムスリップすれば神童と言われたに違いない。そんな筆算も現代

では無用論がある。理由は、人々が日常生活で殆ど筆算を使わないからである。大まかな暗算ができれば、あとは電卓で行う。しかし、数の理解の根本原理としての価値が大きいということで、150年間も、数学教育の主要内容として君臨してきたのであろう。その後、理軒は、同じカリキュラム（筆算中心）、同じ教科書の数学塾「筆算宇宙塾」を開設し、その全国展開を夢見るのである。そこでは、宇宙の普遍の真理である数学で文明開化を創造しようとしていたという。しかし、学制発布によって、その夢は打ち砕かれる。やがて、文明開化は満開の時期を迎え、洋算ブームは加速されていく。洋算ブームに関して、和算と洋算の優劣を問われ、理軒の書「筆算通書」の中で、「……現象があればそこに必ず数がある。その数は必ず一定の法則に従い数式を作る。その原理は、世界中どこでも同じだ……」と応えている。和算、洋算の本質はかわらなく優劣はない、つまり、数学の本質の価値に着目せよと言っている。ここで、ふと思い起こすことがある。戦後の日本において、算数数学の教科書作りに尽力した私の恩師の恩師、塩野直道氏は、数理思想の涵養をもって平和的文化的国家を構築し、日本の復興を願ったように、福田理軒もまた、激しい変革の中で、和算の精神を活かした洋算への移行という数学で、“日本の”文明開化・明治維新の成功（スムーズな進行）を願っていたように思えてならない。

第 4 章

博士の愛した数式

It's amazing!

① 江夏投手の思い出と「博士の愛した数式」

　私の高校生時代（1966年）のことです。私の学校でも、大阪に凄い**剛速球投手**がいるといううわさでもちきりでした。その投手とは、江夏豊投手（私より1つ年上）で、その後、阪神タイガースに入団し、華々しい活躍をした有名選手です。

　私が大学生の頃、ある試合をラジオで聞いていました。何とその試合で、江夏は、完封の果てに自身がサヨナラホームランを打って、1対0で勝利する姿を目の当たりにして、たいそう興奮したことを覚えています。どうも、その時から、私は阪神タイガースの大ファンになっていったようです。

　その後、2005年、ある小説と出会いました。それは、（図4-1）小川洋子著「**博士の愛した数式**」（2005年　新潮文庫）です。当時ベストセラーとなった小説で、数学を扱うという特異性が話題になり、映画化もされた著名な作品です。その小説は、「縦縞のユニフォームの肩越しに背番号が見える。完全数、28」という言葉で終わっているのです。そう、背番号28とは、江夏投手のことです。何度か読んでみると、登場する人物とともに数学が大きな主役になっていることに、私は感動しました。面白い！……たちまちこの小説のファンになりました。そして、「算数概論」の1つのテーマとして、本

図4-1　博士の愛した数式

書を選び、その内容を取り上げながら考察を進めるという講義を構成したのです。

　中でも、「この世で博士が最も愛したのは、**素数**だった。……」(p95)というくだりがあります。博士とは登場人物の一人（数学者）で、私（家政婦）とルート（家政婦の子ども）に数学のはなしを聞かせる存在であり、素数もまたこの小説の主役を果たしているかのようなのです。素数の話も数多く登場し、算数概論で、素数を扱いたいという私の思惑と一致したのでした。「博士の愛した数式」の小説を読んだことがある、または、映画（2005年）を見たことがある受講生は、毎年受講生の中に10人程度いたように思います。

　講義では、本小説のあらすじを紹介することから始めました。

> 　交通事故による脳の損傷で記憶が80分しか持続しなくなってしまった数学者「博士」と、彼の新しい家政婦である「私」とその息子「ルート」の心のふれあいを、美しい数式等と共に描かれた作品である。その中で、数々の「数学の話」が交わされつつ、物語が展開され、博士が亡くなるところでこの話は終わる。

② ある場面と友愛数・完全数

　講義では、まず、小説のある場面の「**友愛数**」について語るところを取り上げました。

　友愛数とは、2つの数の関係で、Aの約数（その数自身以外）を全部足すと、Bになり、Bの約数（その数自身以外）を全部足

すとAになるというAとBの関係を友愛数というのです。

　約数と倍数、公約数と公倍数を簡単に復習した後、小説に登場する **220** と **284** について、実際に試してみました。

220の約数：$\underline{1+2+4+5+10+11+20+22+44+55+110=284}$

284の約数：$\underline{1+2+4+71+142=220}$

　この２つの数は、家政婦さんの誕生日２月20日、博士の学長賞の時計の品番№284であると小説ではなっていて、何気ない日常の会話から博士が気づき、説明するところにこの小説の趣が感じられます。

図4-2　友愛数説明の場面（イメージ）

　数と数の関係が、こういう名前で呼ばれていること自体が面白いし、身の回りの数を、こういう目線でとらえるところに数学者「博士」の素養が感じられます。

　友愛数の他に、「**双子素数**」という見方もあり、その２つを次のように説明しました。

　友愛数と双子素数については、次のような２つの数の関係を表しています。

・友愛数：自分自身を除く約数すべての和がお互いの数を構成する数のペアのことです。例えば、220と284、1184と1210などのペアをいいます。

・双子素数：差が2である素数の組を双子素数といいます。5
と7や11と13などです。

★「センス・オブ・ワンダー」を感じる不思議な法則

双子素数、友愛数などその名称はまるで、数と数（性質）
を、人と人との関係のように表していて面白いと感じる。
まるで数が、性質を有する人間のようである。

さらに、家政婦さんが、「**完全数**」に気づき博士に語る場面が
あります。

「一つ、私の発見をお話しして構わないでしょうか。……28の
約数を足すと28になるんです。」（p69）……「完全数だ！」博士
の解説が始まります。

$28 = 1 + 2 + 4 + 7 + 14$　この完全数28は江夏投手の背番号な
のです。

一番小さい完全数は6　$6 = 1 + 2 + 3$

28の次は496、その次は8128……

完全数とは、次のような数です。

・完全数：自分自身を除いたすべての和が自分と等しい数、6、
28、496などで、完全数は51個あることが知られています。

この他、回文素数、社交数、婚約数などもあるということ、そ
して、その名称のみ伝えて、次へと進みました。簡単に説明す
ると、次の通りです。

・回文素数：12321のように逆さから読んでも同じ数になる数
を回文数といい、回文数であり、素数であるものを回文素数
といいます。例えば、30203などです。

・社交数：その数の約数の和が次の数になり、その約数の和が次の数になり……最後の数の約数の和が最初の数になる（グルっと一回りする関係）という数の組のことです。例えば、12496 ➡ 14288 ➡ 15472 ➡ 14536 ➡ 14264 の 5 つの組は、社交数です。

・婚約数（＝結婚数）：完全数、友愛数、社交数は、約数からその数自身を除いてできる関係でしたが、さらに 1 も除くとできる数の関係、例えば、48 と 75、140 と 195、1050 と 1925、これらは偶数と奇数の組になっています。ピタゴラス学派では、奇数は男性、偶数は女性を表していました。それで、婚約数または結婚数というようです。

③ 素数はいくつある？

次に、「この世で、博士が最も愛したのは素数だった。」ということから、素数について詳しく調べていくことにしました。

素数については、平成 20 年告示の学習指導要領算数科 5 年「内容の取扱い (1)」で次のように示され、これまで中学校で取り扱われた内容が小学校で取り扱われたことがあるのです。

> (1) …略…また、約数を調べる過程で**素数**について触れるものとする。

解説書では、「素数については、整数の中には 1 とその数以外には約数がない整数もあることに気付くことにより、整数の見方、数についての感覚をより豊かにすることをねらいとする。」(p142) と述べられている程度であり、次の学習指導要領（平成 29 年告示の現行分）では、その取り扱いが無くなっています。

素数の見つけ方としては、「**エラトステネスの篩（ふるい）**」

という方法があります。素数を見つける一つの方法で、小学校の算数の教科書（啓林館平成 27 年版５年ｐ 103）で、取り上げられていました。その方法とは、次の通りです。

エラトステネスのふるい

100以下の素数を次のようにしてみつけてみましょう。

① 1を消す。

② 2に○をつけ、2より大きい2の倍数を消す。

③ 残った数のうち、最小の3に○をつけ、3より大きい3の倍数を消す。

④ 残りの数がなくなるまで、この作業を続ける。

○のついた、2、3、5、7、11……は素数です。

1	2	3	4	5	6	7	8	9	10
11	12	13	14	15	16	17	18	19	20
21	22	23	24	25	26	27	28	29	30
31	32	33	34	35	36	37	38	39	40
41	42	43	44	45	46	47	48	49	50
51	52	53	54	55	56	57	58	59	60
61	62	63	64	65	66	67	68	69	70
71	72	73	74	75	76	77	78	79	80
81	82	83	84	85	86	87	88	89	90
91	92	93	94	95	96	97	98	99	100

図4-3　100までの数表

この方法は、古代ギリシャの数学者エラストテネスが考えたといわれ、エラトステネスのふるいとよばれています。

1	**2**	**3**	4	**5**	6	**7**	8	9	10
11	12	**13**	14	15	16	**17**	18	**19**	20
21	22	**23**	24	25	26	27	28	**29**	30
31	32	33	34	35	36	**37**	38	39	40
41	42	**43**	44	45	46	**47**	48	49	50
51	52	**53**	54	55	56	57	58	**59**	60
61	62	63	64	65	66	**67**	68	69	70
71	72	**73**	74	75	76	77	78	**79**	80
81	82	**83**	84	85	86	87	88	**89**	90
91	92	93	94	95	96	**97**	98	99	100

図4-4　100までの数表の中の素数○

「算数概論」では、実演の観点から一つのアルゴリズムとして、このエラトステネスの篩をやってみることに価値があると考え、100 までの数表を配布し、全体でやっていきました。

この 100 までの数表の中で

は、左のように○をつけた 25 個の素数が見つかりました。ここ
で、問題にしたのは、**素数は一体いくつあるのか**ということで
す。エラトステネスの篩では、出てきた素数の倍数を次々に消
していくのですから、どこかで素数はなくなってしまうのでは
ないか？　と考えてしまいそうです。

　また、20 までの素数を覚えるための面白い言い方を知ったの
で紹介しました。それは、2・3・5・7・11・13・17・19 を「兄さん、
5 時にセブンイレブン、父さん、いいなとついて行く」と覚えま
す。20 までで、素数は 8 個もあるのです。何と全体の 40 パーセ
ントが素数なのです。

　次のような素数の出現するデータの数範囲と素数の割合を提
示して、予想してみることにしました。

　素数の出現する割合は、100 までで 25 個あり、25 パーセント
が素数です。他の数範囲では次のようになります。

　10 まで ……………………　　　4 個（素数の割合 40%）

　20 まで ……………………　　　8 個（　〃　　40%）

　100 まで ……………………　　25 個（　〃　　25%）

　1000 まで ………………… 168 個（　〃　16.8%）

　10000 まで ……………………1229 個（　〃　12.29%）

　100000 まで　………………9592 個（　〃　9.592%）

　素数は意外と多いと実感したようでした。しかし、このよう
に、数の範囲を広げると素数の個数は増加していきますが、そ
の割合は減少していっています。では一体、整数の中で、素数
は何個存在するのでしょうか？

　その前に、単純に、素数は**有限か無限か？**　を予想してみる

ことにしました。そこでは、「素数たくさんありそうだが有限である」と考える受講生が多かったようです。それは、次のような感想からも伺えます。しかしながら、数学での結論は「**素数は無限にある**」ということで、そのことを伝えました。

　このことは証明もされているそうです。何とも不思議としかいいようがありません。

【感　想】

＊20までの素数の覚え方が面白かったです。「兄さん、5時にセブンイレブン、父さん、いいなとついて行く」と教えてもらって、20までの素数は、これで完璧に忘れないと思います。(TK)

＊素数は、数の範囲が広がるに従って、少なくなっていくことが分かりました。当然だと思います。素数があったらその倍数を全部消していくのですから、だから、どこかのある数以上のところでは、全部素数ではなくなっていると思います。でも、結論は、素数は無限にあると聞いて、とても不思議な気分になりました。(MN)

＊一番小さい素数から、その倍数を消していくことを繰り返すと、やがて全部が素数でなくなる時がくると感じられたので、有限だと思いました。素数が無限にあると聞いてもピンときません。(SK)

＊私は、1は素数と思っていました。でも、エラストテネスの篩だと、素数の倍数を消していくのですから、1が素数なら全部素数でなくなりますよね。だから、1は、素数に入れないのかな。(HK)

イッツ
アメージング！

★「センス・オブ・ワンダー」を感じる不思議な法則

素数の出現に規則性はない。また、素数の見つけ方（エラトステネスの篩：素数を見つけたらその倍数をすべて消していく）をみても、調べる数の範囲を広くするほど素数の数の割合が減少していくことがわかる。それで、素数は有限のように感じるのに、素数は無限に存在するというのは何とも不思議である。

　また、博士が病院を訪ねた家政婦とルートに次のようなことを語る場面があります。

　「2 以外の素数は A(4n + 1) か B(4n − 1) の 2 つに分けられると知っているかね？」(p280)

　実際に、試してみるとそのようになっているのです。このことも取り上げました。100 の数表の 4 の倍数に○をつけてみました。素数の隣、右隣りか左隣りに、必ず **4 の倍数**があるのです。(図4-5)また、4 の倍数が25 個、素数が25 個、数も同じです。2 以外の素数の左右どちらかの隣には必ず 4 の倍数が存在しているのです。

　さらに博士は説明を付け加えます。前者の素数（A）は常に 2 つの数の 2 乗の和で表せる。しかし後者（B）は決して表せない。

　例えば、13 は 4 × n (3) + 1 と表せる素数（素数 A）で、$13 = 2^2 (4) + 3^2 (9)$ となりま

1	2	3	4	5	6	7	8	9	10
11	12	13	14	15	16	17	18	19	20
21	22	23	24	25	26	27	28	29	30
31	32	33	34	35	36	37	38	39	40
41	42	43	44	45	46	47	48	49	50
51	52	53	54	55	56	57	58	59	60
61	62	63	64	65	66	67	68	69	70
71	72	73	74	75	76	77	78	79	80
81	82	83	84	85	86	87	88	89	90
91	92	93	94	95	96	97	98	99	100

図4-5　素数□と 4 の倍数○

す。いくつか確かめてみました。

$17 = 1^2 (1) + 4^2 (16)$

$29 = 2^2 (4) + 5^2 (25)$

$61 = 5^2 (25) + 6^2 (36)$　等

こういうきまりがあることも不思議です。

ここで、素数に関する、次のような基本問題をしました。

（基本問題）

① 1〜100までの素数で、**双子素数**を見つけなさい。何組ありますか？

答①

$2 \cdot \underline{3 \cdot 5 \cdot 7} \cdot \underline{11 \cdot 13} \cdot \underline{17 \cdot 19} \cdot 23 \cdot \underline{29 \cdot 31} \cdot 37 \cdot \underline{41 \cdot 43} \cdot 47 \cdot 53 \cdot \underline{59 \cdot 61} \cdot 67 \cdot \underline{71 \cdot 73} \cdot 79 \cdot 83 \cdot 89 \cdot 97$

以上25個の素数の中で、アンダーラインを引いた2つの組が双子素数です。3・5・7ついては、3と5、5と7を二組と見て、全部で8組あります。

② 次の1〜100までの素数のうちエマープ（数素）になっている数をみつけなさい。

＊「**エマープ**」とは、素数でありかつ逆から数字を読むと元の数とは異なる素数になる自然数のことである。

答②

13、17、31、37、71、73、79、97の8つです。

④ 素数ものさしと素数ゼミ

　身の回りに見られる素数の例を紹介しました。素数ものさしと素数ゼミです。

　私は、京都大学博物館のショップで購入した**素数ものさし**（図4-6）をもっていました。京都大学不便益システム研究所の開発による製品です。素数の 2、3、5、7、11、13、17 が cm の目盛りにあり、たし算とひき算を用いれば、16 と 18 以外の長さが測れる仕組みです。

　次に、素数が自然界にも現れる例として有名な「**素数ゼミ**」の存在も紹介しました。

　素数ゼミとは、北米には、ちょうど17年ごとと13年ごとに大量発生する周期ゼミがいて、「素数ゼミ」と呼ばれているそうです。13 と 17 が素数であるからこう呼ばれていて、素数であることに秘密があるのです。吉村仁著「素数ゼミの謎」（2005年文芸春秋）では、次のように述べられています。（p107 ～ 108）

図4-6　素数ものさし

図4-7　素数ゼミ

……前略……素数の不思議な力によって、ついに「なぜ13年と17年なのか？」という最大の謎も解くことができました。もちろん、素数ゼミたちが「よし、こうしよう」として<u>こんな不思議な数字</u>を選んだわけではありません。ただただ、環境の変化がセミたちの暮らしを変えていった結果、自然にこの数字の魔法が登場したのです。それにしても、人間の数学者たちが素数の不思議に気がつくよりはるか昔から、セミたちの中には、この魔法の数字が現れていたことになります。素数ゼミの英語の名前は「Magicicada」（マジシカダ）といいます。マジックは魔法、シカダはセミという意味ですから、まさにいいえて妙ですね。
(p107 ～ 108)（傍線筆者）

【感　想】

＊素数ゼミは生きるための方法を考えているとして、その中に素数の性質が入っているのは、偶然ですが、面白いと思いました。前に学習したことがある蜂のことを思い出しました。蜂の巣の部屋が六角形になっている現象とよく似ていると思いました。(SS)

＊自然の中には、数学が隠れていると聞いたことがありますが、身の回りを探すといっぱいあるのだろうなと思いました。そんなことをもっと調べたいです。(AY)

★「センス・オブ・ワンダー」を感じる不思議な法則

素数ゼミの存在は自然界の生命の神秘・不思議さ（センス・オブ・ワンダー）の一つである。種が生き残るための自然の摂理として存在している中に、素数（13や17）が見られることに不思議さを感じる。

イッツ
アメージング！

⑤ 小川洋子の小説と映画

いよいよ、この小説の最後の場面です。次のような話です。

最後の訪問になったのは、ルートが22歳を迎えた秋だった。……

「ルートは中学校の教員採用試験に合格したのです。来年の春から、**数学の先生です**」と私は誇らしく博士に報告する。博士は身を乗り出し、ルートを抱き締めようとする。持ち上げた腕は弱々し

図4-8　背番号28江夏（イメージ）

く、震えてもいる。ルートはその腕を取り、博士の肩を抱き寄せる。胸で江夏のカードが揺れる。……縦縞のユニフォームの肩越しに**背番号が見える。完全数、28**。」(p281 ～ 282)

「小説の流れの中で、いろいろな数学の話がたくさん出てくること、しかもベストセラーとなり、そして、人気映画にもなったこの小説の存在は、大変珍しく、嫌われがちな数学に光をあててもらえたことが嬉しい」という感想を述べ、「みなさんも機会があれば、読んでみて下さい。DVDを見たい人にはお貸しします。」と言って、講義を終了しました。

【感 想】

＊この小説は面白いと思いました。特に、数にはそれぞれ素顔がある
　のです。いろんな名前もついたりして、数と数の相性もあるのかな
　と思いました。DVDを借りに行きます。(SH)

(何名かの受講生が借りに来ました。)

＊この小説で、ルートが中学校の数学の先生になったと聞いた時は、
　温かい気持ちになりました。ルートなら中学校で、数学につまずき
　そうな子どもに数学の楽しさが伝えられる先生に、きっとなると思
　うからです。(MH)

【参考4-1】　ラマヌジャンのタクシー数「**1729**」

　余談として、次のような話もしました。

「**奇蹟がくれた数式**」（2016年公開）という映画で、天才数学者ラマヌジャンが1729という数字について、こんなことを言う場面を思い出しました。「1729は3乗数の和として2通りで表せる最小の数だよ」と言ったのです。$1729 = 12^3 + 1^3$ または $10^3 + 9^3$ となります。この場面で、1729がタクシーのナンバーだったので、<u>1729</u>が**タクシー数**と言われているのです。このように、数字の姿（性質や特徴）がひらめき、それを誇らしげに語るのが、数学者は得意のようで、博士が家政婦さんの誕生日（220）と博士の学長賞の品番（284）から、友愛数がひらめき、語る場面と重なりました。

第 5 章

世界は消滅するのか？

It's amazing!

1 ハノイの塔と呪われた伝説

　ある教養講座で、次のような短歌に出会いました。

　吉田正『熱中症だけぢやすまないわが皮膚は地球滅亡の熱さ感じる』「柿生坂」（2018年　かりん叢書）

　昨今の地球温暖化のペースは急激で、このままだと地球はやがて滅亡するのではないか等という話題がよく語られるようになってきています。地球の滅亡？　それは、いつのことなのか、本当に起こるのか？　そんなことを思う時、次のような**ハノイの塔**の伝説を思い出しました。

　「今から5000年前，インドのベナレスという町に大寺院があり，そこには世界の中心といわれるドームがありました。その中には台が作られていて，その上にはダイヤモンドでできた棒が3本立っていました。インドの神ブラーマは，世界が始まるときに，この棒に黄金でできた円盤を64枚さしておきました。この円盤は下が大きく，上に行くほど小さくできていて，ピラミッド状に積み上げられていました。そして，ブラーマは僧侶たちに次のような修行を与えました。

○積み上げられた円盤を，すべて他の棒に移すこと。

○その際に，1回に1枚しか動かしてはならない。また，小さな円盤の　上にそれより大きな円盤を乗せてはならない。

○すべてこの3本の棒を使って円盤を他に移すこと。棒以外のところ　に円盤を置いてはならない。

　ブラーマは，この**円盤がすっかり他の棒に移った瞬間**に，世界は消滅してしまうと予言しています。5000年たった今でも，寺院ではこの修行が続けられているそうなのですが……」（「算数なるほど大図鑑」2014年メッツ社p267　より）

（図5-1）のような「ハノイの塔」と呼ばれる有名なパズル（市販品）があります。小学校教員時代に、このパズルを自作して教室に置いていたことがあります。「**楽しい算数カード**」という実践（p117【**参考5-2**】）で用いた教具の一つです。算

図5-1　ハノイの塔

数に関する問題やゲームやパズル（教具）などを教室の片隅に常備して、子どもに自由勉強の一つに活用させるという取り組みです。操作の約束を守って、円盤を動かすことが面白いらしく、雨の日などは、我先にと、取り合っていました。

　ハノイの塔では、指数関数や京の単位を取り扱うことができるし、操作の面白さもあるので、算数概論の一つの講義として構成することにしました。

　このようなハノイの塔の円盤移動が完了した時、教具に添えられていたパンフレットに**地球が滅亡**するという伝説が書かれてありました。世界の消滅という呪われた伝説、果たしてそれはいつなのか？　その年月には、大きな関心をもったのでした。

② ハノイの塔の移動回数のきまり

　ハノイの塔を紹介した後、次に実際にハノイの塔の円盤を手順通りに動かしてみることにしました。

　まず初めに、亀をモデルにした大中小の３個の木製教具でハノイの塔の円盤を動かすイメージを持たせました。親亀（大）、

子亀（中）、孫亀（小）の設定で、親亀の上に子亀、子亀の上に孫亀を乗せるという設定で3匹の亀でやって見せました。（図5-2）

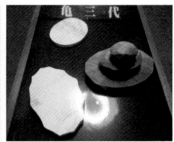

図5-2　ハノイの塔の亀3代モデル

　孫亀は、子亀の上に、子亀は親亀の上にしか乗れないような形になっています。小さい亀の上には大きい亀は乗れない（載せると滑り落ちる）ように作られていて、受講生は大変興味を示してくれました。この亀で、3つの島のある島から他の島への3匹の亀たちの移動は、ルールを守ると7回かかることをみつけることができました。そして、次はハノイの塔の円盤を実際に動かしました。

　円盤の枚数を1枚から順に増やしていって、そのきまりを見つけることにしたのでした。**円盤の数n、移動回数Mとして表に表しました。**

n	1	2	3	4	5	6	7 …
M	1	3	7	15	31	63	127 …

　約束の手順通りに動かすことは、結構難しかったようです。しだいに複雑になって、時間がかかるので、5枚まで動かすこ

とにして、それ以降については、例えば4枚までの回数に、5枚目の1枚を動かす回数の1を加えて、さらに4枚を動かせばよいと考えて、

　（5枚の移動回数）＝（4枚の移動回数）＋ 1 ＋（4枚の移動回数）

で求められることに気付かせました。つまり、5枚だと、15 ＋ 1 ＋ 15 ＝ 31 となるのです。この考えで、次々と回数を求めていきました。n枚目の移動回数は、次のようにまとめることができます。

n枚の移動回数＝（n−1）枚の移動回数＋1＋（n−1）枚の移動回数

★「センス・オブ・ワンダー」を感じる不思議な法則

ハノイの塔では、ある枚数の移動回数は、その前の枚数の移動回数がわかれば簡単に求められる。n枚の移動回数＝（n−1）枚の移動回数＋ 1 ＋（n−1）枚の移動回数となり、この方法は、何と分かり易い求め方だろう。

イッツ
アメージング！

　7枚目まで求めて、後は全体のきまりを見つけることにしました。しかし一般的なきまりは、そう簡単には見つけられません。そこで、次のように、M＋1の数の変わり方をヒントとして与えました。

n	1	2	3	4	5	6	7	…
M	1	3	7	15	31	63	127	…
M+1	2	4	8	16	32	64	128	…

$$M+1=2^n \Rightarrow M=2^n-1$$

　M+1 の数列については、見覚えのある受講生も多く、2^n であることに気付くことができました。この数列のきまりは、2^n-1 であり、これは、初項が 1、公比が 2 の**等比数列**になります。別名、「メルセンヌ数」とも言われるようですが、そのことには触れませんでした。円盤が 6 枚、7 枚については、きまりで簡単に求められましたが、**64 枚ではどうなるのか**という新たな問題が生じました。つまり、$2^{64}-1$ はいくつかということです。しかし、この計算は、簡単にできそうにありません。そこで、この計算にみんなで挑戦してみることにしたのです。この計算そのものが簡単そうで、意外と大変なのです。

【感想】

＊ハノイの塔を前に出てやる役に指名されました。少し緊張していたので、途中で動かし方が分からなくなりました。同じところを行ったり来たりしてしまいました。恥ずかしかったです。(MT)

＊前の回数が分かると、次の回数は簡単に分かります。でも、ある枚数の回数をいきなり求めることはできません。やはり、n 回目の式が必要ですね。(TT)

---

③ 2 の 64 乗の計算

$2^{64}=$

　$2 \times 2 \times 2 \times 2 \times 2 \times 2 \times 2 \times 2 \times 2 \times 2 \times 2 \times 2 \times 2 \times 2$
$\times 2 \times 2 \times 2 \times 2 \times 2 \times 2 \times 2 \times 2 \times 2 \times 2 \times 2 \times 2 \times 2$
$\times 2 \times 2 \times 2 \times 2 \times 2 \times 2 \times 2 \times 2 \times 2 \times 2 \times 2 \times 2 \times 2$
$\times 2 \times 2 \times 2 \times 2 \times 2 \times 2 \times 2 \times 2 \times 2 \times 2 \times 2 \times 2 \times 2$

$\times 2 \times 2 \times 2 \times 2 \times 2 \times 2 \times 2 \times 2$

　この計算を短い式にして求めるために、次々とまとめていくことを提案しました。

　まず、4でまとめました。

$4^{32}=$

　$4 \times 4 \times 4 \times 4 \times 4 \times 4 \times 4 \times 4 \times 4 \times 4 \times 4 \times 4 \times 4 \times 4$
$\times 4 \times 4 \times 4 \times 4 \times 4 \times 4 \times 4 \times 4 \times 4 \times 4 \times 4 \times 4 \times 4 \times 4$
$\times 4 \times 4 \times 4 \times 4$

次に、16でまとめると
$16^{16}=$

　$16 \times 16 \times 16 \times 16 \times 16 \times 16 \times 16 \times 16 \times 16 \times 16 \times 16$
$\times 16 \times 16 \times 16 \times 16 \times 16$

次は、256^8

次は、65536^4

次は、4294967296^2　というようにまとめていきました。

　身近にある電卓は、12桁ぐらいが最高で、この計算は、10桁× 10桁で、答えが、20桁または19桁になることが予想できます。筆算を使えば、できないことはありませんが、かなり厄介な計算になります。そこで、かけ算の仕組みを利用した次のような方法でやってみることにしました。どのような原理なのかを理解する

```
        A B
      × A B
      ─────
        B B
      B A
      A B
    A A
    ─────────
```

図5-3　かけ算の仕組み

ために、**AB × AB** の仕組みを確認しました。(図 5-3)

　この仕組みを 4294967296　×　4294967296 の計算に適用するのです。つまり、次のように 5 桁をひとまとまりで考えると、筆算の部分積が電卓で計算できる数(5 桁×5 桁)になるのです。
A = 42949　**B = 67296**　として、筆算で表すと次のようになります。

```
  4294967296
×4294967296
```

AB に数を当てはめて式にすると

　B × B　67296 × 67296 = **4528751616**

　B × A　67296 **×** 42949 = **2890295904**　＊A × B も積は
　A × A　42949 × 42949 = 1844616601　　　　同じです。

となります。このように 3 種類の積さえ求めれば、あとは位取りを考えて、筆算のたし算の部分のみ残して完成するのです。部分積を書き込むと、次のようになります。そして、最後にたし算をして、積を求めて、黒板上で、みんなで完成させました。

```
              4 2 9 4 9 6 7 2 9 6
            × 4 2 9 4 9 6 7 2 9 6
              4 5 2 8 7 5 1 6 1 6
      2 8 9 0 2 9 5 9 0 4 0 0 0 0 0
      2 8 9 0 2 9 5 9 0 4 0 0 0 0 0
1 8 4 4 6 1 6 6 0 1 0 0 0 0 0 0 0 0 0
1 8 4 4 6 7 4 4 0 7 3 7 0 9 5 5 1 6 1 6
```

　次に、この数を読まなければなりません。これまでの算数等の学習で用いてきた数の単位は最大で「千兆」です。この数は、さらにその1つ上の位までいっています。千兆の一桁上の位は**一京**（いっけい）です。位取り表（下図）に対応させて、この数を読んでみることにしました。位取りの単位を対応させると次のようになります。

1 8 4 4 6 7 4 4 0 7 3 7 0 9 5 5 1 6 1 6

	京				兆				億				万						
	千	百	十	一	千	百	十	一	千	百	十	一	千	百	十	一	千	百	十	一

読んでみました。

| 1844京6744兆0737億0955万1616 | です。

移動回数は、1を引いて、

18446744073709551616 − 1 = **18446744073709551615**

1844京6744兆0737億0955万1615 回となります。

【感想】

＊ 10桁×10桁のかけ算を筆算でしようと思えばできると思うけど、すごく大変です。2つの5桁に分けてやる方法は、こんな方法もあるんだと目からウロコです。かなり楽に計算できました。(KO)

＊ 1844京なんて京（けい）を初めて使いました。兆より大きい数を身の周りでは見ることがありません。今日の講義では、珍しい経験をしたと思います。(AK)

④ 大きな数と無限

64枚の円盤を規則に従って動かすと、**とてつもない大きな数**になることが分かりました。本講義のねらいの一つは、かけ算の仕組みをうまく使って、電卓を利用し、**効率的に計算する方法**を知ることと、これまで殆ど目にしたこのない「京」の単位を使った数に触れることにもありました。大きな数の単位の名前について、教科書（啓林館令和2年度版4年上 p65）では、コラムとして（図5-4）のように示されています。（この原稿を書いている最中に、「世界の債務残高、約3京円……国際金融協会」という「京」が出てくるニュースを目にしました。）

では、「無量大数」の上はあるのでしょうか、数の単位はどこまであるのでしょうか？　と問いかけました。受講生は「**無限にある**と思います」と答えます。では「無限とはどういうことか？」と問いかけ、考えさせました。数学の世界では、当たり前のように使われます。「円周率は無限に続く数」とか「√2は、

兆より大きな数の位

江戸時代に吉田光由（よしだみつよし）という人のかいた『塵劫記（じんこうき）』という本に、兆よりも大きな数の位について右のようにかかれています。

大きな数のしくみを調べてみましょう。

京（けい）　垓（がい）　秭（じょ）　穰（じょう）　溝（こう）　澗（かん）

正（せい）　載（さい）　極（ごく）　恒河沙（ごうがしゃ）

阿僧祇（あそうぎ）　那由他（なゆた）　不可思議（ふかしぎ）

無量大数（むりょうたいすう）

図5-4　兆より大きい数の単位

1.414213……といつまでも続く数だ」というように使われています。そして、自然数も無限に続くと考えられています。

「無限」ということ自体、すごく不思議なことなのですが、数が無限であることについては、1から順に数え上げていくとして、1を足すと次の数になり、また1を足すと次の数になり……と、いくらでも数え続けられて、新しく数ができていくので、「数は限りなく続く（ある）」ということが納得できると説明しました。さらに、無限大は「∞」という記号で表し、「インフィニティ」と読みますが、これは、無限大を意味するものであって、数としての記号ではないということです。なんとも不思議な感じを味わいます。

★「センス・オブ・ワンダー」を感じる不思議な法則

数は、無限に続くといわれているが、「無限」ということ自体がとてつもなく不思議で、考えても考えても終わりがないのは、宇宙の果て？　と同じで、まことに不思議である。

イッツ
アメージング！

そして、64枚の円盤の移動の話に戻りました。

1回の移動に1秒かかるとすると、18446744073709551615秒と考えられます。これはどれくらいの年月になるのか計算してみることにしました。

1年 = 365日、1日 = 24時間、1時間 = 60分、1分 = 60秒とすると、

18446744073709551615÷60÷60÷24÷365 を計算すればよいことになります。

（講義時間の制約もあるので、この計算に関しては、答はこちらから与えました。）

　何と、この秒数は年数に換算すると、584942417355 年、**約**（上から 2 桁の概数）にすると、**約 5800 億年**ということになるのです。

【感 想】
＊数は、無限だと理屈では分かるのですが、どこまでも続くということが、私には理解できません。やはり、数は不思議です。(TM)
＊1844 京なんて数に初めて出会いました。兆までは聞いたことがあります。数はどこまでも続くそうですが不思議です。数の単位の読み方はどこかで終わりますよね。(AM)
＊宇宙の果ても無限だと聞いたことがあります。それと、時間も無限だと思います。もし、命が無限だったらいいなと思いましたが、それは、かなり疲れるのではないか？　という気もします。(YA)

　宇宙の年齢について、「名古屋市科学館 Q & A」によると、宇宙が生まれて 137 億年、太陽は 47 億年、地球は 46 億年と考えられています。これらと比較すると、5800 億年というのは想像もつかないほどのとてつもない大きな数であることが分かります。宇宙の推定年齢、地球の推定年齢、人類の推定年齢……から見ても、ハノイの塔の世界の滅亡伝説は、5800 億年後に起こり得るかも知れない？　という話をしました。

図 5-5　エドワード・リュカ

　一方、**エドワード・リュカ**（1883年にハノイの塔を考案し、販売したとされるフランスの数学者）のハノイの塔の予言伝説は、その製品（パズル）に、パンフレットが添えられていて、その中に書かれていた話なのです。

　そんな彼の、次のような逸話も残っています。

　リュカは珍しい状況で死を迎えた。フランス科学協会の年会における晩餐会で、ウエイターが落とした陶磁器の破片がリュカの頬を切った。その数日後、おそらくは敗血症と思われるひどい皮膚炎のために他界した。わずか49歳の出来事であった。

　ハノイの塔の呪いかも知れないという噂もある。

　この宇宙が存在して、約137億年と言われている中で、約5800億年とは、とてつもなく大きな数（年数）です。リュカはなぜ、こんな予言をハノイの塔に託したのでしょうか？　地球や人類の滅亡が取り沙汰されている現在、少しでも地球存亡の危機意識をもって、未来に向けて、人類は行動しなければならないということへの警鐘だったのではと考えることもできます。そして、5800億年後は誰も予測できませんが、本当に起こり得るかも知れないと感じさせる予言なのです。

　ここで、関連する「**終末時計**」（図5-6）の話を取り上げました。

　日本大百科全書解説によると、終末時計とは「人類の滅亡までの**残り時間**を象徴的に表す時計。核戦争や原子力利用の失敗などによる危機を警告する目的で、人類が滅亡する時間を午前0時とし、それまでの残り時間を『0時まで何分』という形で示す。世界終末時計ともいう。アメリカのシカゴ大学で、終末時計のオブジェが管理されている。アメリカの科学誌（原子力科

学者会報）が、1947年に表紙に「残り時間7分」として終末時計を初めて発表した。以降、核問題による緊張だけでなく、地球環境問題なども時刻の決定に反映させて、残り時間を毎年公表している。」というものです。

図5-6　終末時計

　ちなみに、現在（2021年1月28日発表）では、世界がコロナ禍の中にあって、あと100秒（1分40秒）と言われています。なお、この講義の時（2018年）では、2分でしたので、2分で話をしています。

「現在、地球（人類）滅亡まで、2分と言われているぐらいに、危機的な状況にあるのですが、ハノイの塔の伝説では、滅亡は約5800億年と言っています。リュカは、「終末時計」の存在を知らなかったはずです。そんな長い先のことは全く予想もできませんが、それまで世界が持続可能なのかどうか、心配になります。リュカは、むしろ5800億年続いてほしいという前向きな気持ち？　で、ハノイの塔に予言をしたためたのかも知れないと考えることもできるのではないか」という話をしました。

【感　想】
＊64枚の円盤を動かすのに1枚1秒で5800億年もかかると知って驚きました。これを考えたリュカという数学者は、地球の将来がい

つか滅亡するのではないかと考えていたと思います。そのことを、ハノイの塔で言いたかったのかも知れません。でも、本当かどうかもだれも確かめることはできません。(SI)

＊リュカの呪いの話も本当なのかなと思いました。リュカの死に方を聞きましたが、こんな伝説を考えるとろくなことがないということですよね。(TH)

＊今、地球温暖化が大きな問題になっています。100年ぐらいで地球が住めなくなるかも知れません。そうなると、先生が言ったように、私も、逆にハノイの塔の予言は当たってほしいことではないのかとさえ思えるのです。(SH)

★「センス・オブ・ワンダー」を感じる不思議な法則

終末時計は、地球（人類）の消滅まで2分と示している。

一方、リュカのハノイの塔の予言では、64枚の円盤を移し終えるのに1枚1秒で約5800億年（約1845京秒）かかり、移し終えたとき世界が消滅すると予言している。約5800億年は、人間の一生100年としても、「永遠に続く時間」のように感じられるのである。

イッツ
アメージング！

「将来に向かって、地球が**持続して**ずっとこの世界が続くように、現在の一人一人が精一杯の努力をすることが、われわれには求められていると思います」と述べて、講義を終了しました。

そして、現在、「持続可能な開発目標（SDGs）」の取り組みが推進されていることと、その17の目標について、簡単に付け加えました。

116

【参考5-1】 「持続可能な開発目標（SDGs）」の取り組みと17の目標

例

目標14　**海の豊かさを守ろう。**

絵（藤森創大　7歳）

【参考5-2】　自作教具と「楽しい算数カード」の実践

　自作教具のハノイの塔の実物は「図5-7」の通りです。このハノイの塔には思い出があります。S小学校で、当時5年生の学級担任をしていた私は、「**楽しい算数カード**」という取り組みをしていました。カードには、教具とセットの物もあり、その一つが「ハノイの塔」でした。その取り組みを「**自作補助教材等展示会**」に出品し、展示され、感謝状（図5-8）をいただきました。

図5-7　自作のハノイの塔

図5-8　当時の感謝状

　楽しい算数カードの実践の主旨は、算数の時間等で、課題が早く済んだ時や家庭学習（自由勉強）の学習材料として、貸し出しも認める物でした。内容の基準は、

① 　算数科の学習内容を用いたり、深めたりするものに限る。

② 　5年生の子どもが考え得る程度のものにする。

③ 　興味を抱いたやりたい人がやる。よって、やりたくなる内容にする。

としました。新しいカードができあがると、借りる順番でジャンケンが行われるほどの人気になりました。

「楽しい算数カードの実践」の概要については、雑誌「第4期教育技術の法則化」(1987年　明治図書)でも紹介されました。

　自作のハノイの塔は、雨の日など、順番待ちができるほど、子どもに使い古され、現在、3本の支柱がぐらついていますが、今も健在で、**自宅教具室**(前著作「不思議な算数」のp118写真と同様)に保管してあります。(図5-9)

図5-9　自宅教具室
＊アルキメデスの砂時計の後ろにあるのが、自作の「ハノイの塔」です。

おわりに

―私は不思議でたまらない―

　前著作「**不思議な算数**」は、甲南女子大学における「算数概論」の講義の一部を振り返り、不思議という感覚に焦点を当て、その根底に「**センス・オブ・ワンダー**」を算数数学の中で育み、実践することを目指したものでありました。その成果の一つとして、算数数学教育への新しい方向性にも言及させていただきました。「続・不思議な算数」でも、同様の趣旨に則り、内容をさらなる５点へと拡げ、「センス・オブ・ワンダー」の**実相**をより明らかにすることを目指しました。前著作への読者からの主な感想は、本書「はじめに」（p7）で書かせていただいた通りです。これらの感想と共に、金子みすゞさんの詩を送っていただいた方がおられました。私は、金子みすゞさんの詩を知っているつもりでおりながら、この詩を初めて目にするという不覚でありました。本書の趣旨を換言するような詩であり、ここで改めて引用いたします。

不思議（ふしぎ）
　　　　　　金子みすゞ
私は不思議でたまらない、
黒い雲からふる雨が、
銀にひかっていることが。

私は不思議でたまらない、
青い桑の葉たべている、
蚕が白くなることが。

私は不思議でたまらない、
たれもいじらぬ夕顔が、
ひとりでぱらりと開くのが。

私は不思議でたまらない、
誰にきいても笑ってて、
あたりまえだ、ということが。

　次は、この全2作のシリーズを踏まえて、「不思議」の正体を さらに追究することを目指します。そのタイトルは、「不思議な 算数：ファイナル」としたいと考えています。

　今回、本書につきましては、神戸大学教授　岡部恭幸先生か ら、推薦のお言葉を賜りました。岡部先生とは、神戸大学名誉 教授船越俊介先生の御指導を賜ったということで、ご縁があ り、また、岡部先生の後任として大阪大谷大学へ、勤めさせて いただいたというご縁もございました。

　また、前著に引き続き、広島大学教授、寺垣内政一先生（前著 の推薦の言葉）および、秋岡久太氏には、全章をチェックして いただきました。さらに「さんすう高橋」代表の髙橋秀信氏（算 数コーディネーター）には、最終の校正をしていただきました。

　編集にあたっては、前著作「不思議な算数」と同様、学術研 究出版の湯川祥史郎氏・黒田貴子両氏に、大変お世話になりま した。

　以上のようにたくさんの人々のご指導ご支援のもとに、「**続・ 不思議な算数**」が完成できましたことに、心より感謝申し上げ ます。

　本書シリーズ全2作は、教員生活48年間の退職を記念して の出版でもありました。様々な人々との出会い、様々な教員生 活での体験を振り返ることもできたと思っています。

　最後に、「わたしの歩みⅡ（恩師の思惑）」（p127）で振り返り ました**小中高大の恩師の先生方**、小学校の**村上準一先生**、中学 校の**中谷岑先生**、高等学校の**北川如矢先生**（故人）、大学の**三輪 辰郎先生**（故人）の4人の恩師の先生方、そして終始、応援し

支えていただきました妻「**可奈恵**」に本書を捧げます。本当に
ありがとうございました。

令和 3 年 10 月 10 日（72 歳の誕生日に）

小西豊文

参考文献

第0章

・小西豊文他、こどものキャリア形成、幻冬舎新書、2020
・算数教科書「わくわく算数」6年、啓林館、2015
・小西豊文編著、小学校算数授業力をみがく実践編、啓林館、2015
・小西豊文、不思議な算数、学術研究出版、2021

第1章

・小西豊文、子どもが飛びつく算数面白物語、明治図書、2003

第2章

・藤子・F・不二雄、ドラえもん九九のうたCDブック、小学館、2011
・かえるさんとガビンさん、一九一九（イクイク）、幻冬舎、2006
・ニヤンタ・デシュパンデ、インド式たし算かけ算・数遊びドリル、小学館、2007
・平成19年度第23回小学校算数教育研究全国（池田）大会、算数を活用し探究する授業「大会要項」、泉文社、2008
・算数教科書「わくわく算数」2年下、啓林館、2015
・新しい算数研究 No.448 2008年5月号、東洋館、2008
・関西算数授業研究会、「数学的に考える力」を育てる実践事例30、東洋館出版社、2014

第3章

・城地茂、和算の再発見—東洋で生まれたもう一つの数学、化学同人、2014
・川田亮二、江戸の数学文化、岩波書店、1999

・安野光雅、鶴亀高校つるかめ算の歌　校歌より、岩崎書店、2017
・深川和久、方程式にたよらない和算的思考力をつける、ペレ出版、2005
・算数教科書「新編新しい算数」6年、東京書籍、2015
・算数教科書「わくわく算数」6年、啓林館、2015
・遠藤寛子、算法少女、ちくま学芸文庫、2006
・遠藤寛子・秋月めぐる、算法少女①、リイド社、2010
・小寺裕、江戸の数学　和算、技術評論社、2010
・平野年光、算額問題の教材化　和算、東洋館、2014
・平野年光、算額問題の教材化2　和算、東洋館、2016
・冲方丁、天地明察（上）、角川文庫、2009
・冲方丁、天地明察（下）、角川文庫、2009
・和算問題教材化研究会、和文化数学第5号、2021
○参考映画「天地明察」（2012年公開）

第4章
・小川洋子、博士の愛した数式、新潮社、2005
・吉村　仁、素数ゼミの謎、文芸春秋、2005
・算数教科書「わくわく算数」5年、啓林館、2015
○参考映画「博士の愛した数式」（2005年公開）
○参考映画「奇蹟がくれた数式」（2016年公開）

第5章
・小西豊文、楽しい算数カードの実践、第4期教育技術の法則化、明治図書、1987
・仲田紀夫、無限の不思議、講談社ブルーバックス、1992
・志賀浩二、無限の中の数学、岩波新書、1995
・田崎良佑他、よくわかる数学記号、パワー社、2012

・算数教科書「わくわく算数」4年下、啓林館、2015
・更科功、宇宙からいかにヒトは生まれたか、新潮選書、2016
・コリン・スチュアート、竹内淳訳、数学が好きになる数の物語100話、
　ＫＫニュートンプレス、2020

おわりに

・金子みすゞ、詩集「不思議」、岩崎書店、2009
・清水健一、美しすぎる「数」の世界、講談社ブルーバック、2017

私の歩みⅡ（恩師の思惑）

　前著作では、48年間の教員生活を概観し、算数数学に愛着を
もち、その結晶として、「不思議な算数─センス・オブ・ワンダー
と算数数学─」を書きあげた動機や経緯等を振り返りました。
（「不思議な算数」の「はじめに」ｐ5〜6）

　一方、教員になる前の私は、どうだったのでしょうか？
「私の歩みⅡ（恩師の思惑）」では、その源流を振り返り、算数
への愛着の原点に迫ってみることにします。端的にいうと、幸
せなことに、小中高大の恩師の先生方に恵まれ、その思惑に
乗って、教員への道に向かって進むことができたことから始
まったと思っています。

　小学校では、**村上準一先生**に、456年と担任していただき、算
数への興味・関心を触発していただきました。共著作「こども
のキャリア形成」（2020年幻冬舎新書）にも書かせていただき
ましたが、「……思い起こせば、放課後に、算数の問題を解く
時間を設けて、いわゆる鶴亀算や出会い算などの問題に挑戦さ
せ、できた者から、合格・帰宅という場面がありました。そこで、
一心不乱に問題に取り組みましたが、そのときの「わくわく感」
が今も忘れられません。……」（「こどものキャリア形成」ｐ78）
と当時を振り返っています。実は村上先生自身が、算数大好き
で、教育への情熱溢れる若き教員だったのです。

　中学校（3年）は、**中谷岑先生**、数学の先生であり、担任でし
た。われわれ団塊の世代は全校生徒3000人、その中で、本気で
身体を張って生徒に向き合う熱血漢で、数学の授業は、大変分

かり易く楽しいものでした。また、中谷先生はＸの文字の板書が独特で、一生懸命、真似をしたことを覚えています。そして、益々数学が好きになりました。

高等学校（３年）は、**北川如矢先生**が担任で、奇遇ですが、またもや数学の先生だったのでした。進路指導に温かみと熱意の感じられる先生で、教員養成学部の数学科への進学を後押ししていただきました。その後、大阪府科学教育センター、奈良教育大学……へと進まれ、教員になってからの私の算数教育研究にも助言と励ましをいただいたことがあります。

大学４年間は、大学紛争の真っただ中、学園封鎖等もあり、在学中はあまり勉学ができなかった記憶が残っています。しかし、**三輪辰郎先生**には、教員になってからの数年間、大学内の三輪研究室で、夜のグループ研究会に誘っていただいたことは大変ありがたいことでした。「日本数学教育学会」の存在も知り、何回かの研究発表にも臨み、その後の研究意欲の基盤が出来上がったと思っています。数年後に三輪先生は筑波大学に転任されました。

以上の４人の恩師の先生方の思惑を感じながら、ご指導いただきつつ、私の進む道が知らず知らずのうちに、定まっていったように思います。まさに、「**恩師の思惑**」の賜物だと感謝しています。

そして、大阪市の小学校教員になることができました。

教員になってからは、校内の算数主任や**大阪市小学校教育研究会「算数部」**の研究委員として、先輩の先生方に、まさに「鍛えていただいた」といえる日々を過ごすことができました。今なお、組織のリモート研修会に参加させていただくなど、生

涯にわたって成長させていただいた大阪市小学校教育研究会
「算数部」と御指導賜りました先生方に厚くお礼申し上げます。
ありがとうございました。

●著者紹介

小西豊文（こにし　とよふみ）

　1949年大阪市生まれ。大阪教育大学（小学校教員養成課程数学科）卒業、兵庫教育大学大学院（教育方法研究科）修了。大阪市の小学校教員・教頭・首席指導主事・校長など歴任。芦屋大学・大阪成蹊短期大学・大阪大谷大学・甲南女子大学・同大学院を経て、2019年3月退職、現在学校法人常磐会学園評議員。この間、文部科学省「小学校学習指導要領解説算数編」（平成11年版・平成20年版）の作成協力者。算数教科書「わくわく算数」（啓林館）編集委員・顧問を務める。

　主な著書は、単著「子どもが飛びつく算数面白物語」（明治図書）、「小学校教育課程講座算数」（ぎょうせい）「小学校算数授業力をみがく」（啓林館）、「不思議な算数」（学術研究出版）、共著「こどものキャリア形成」（幻冬舎新書）、監修「表・グラフのかき方事典」（PHP研究所）など多数。2016年度兵庫教育大学嬉野賞受賞。和算教材化研究会会員、大阪市立科学館友の会会員等、趣味は、旅行、映画鑑賞、阪神タイガース。

続・不思議な算数 —センス・オブ・ワンダーと算数数学—

2021年10月10日　初版発行

著　者　小西豊文
発行所　学術研究出版
　　　　〒670-0933　兵庫県姫路市平野町62
　　　　TEL.079（222）5372　FAX.079（244）1482
　　　　https://arpub.jp
印刷所　小野高速印刷株式会社
©Toyofumi Konishi 2021, Printed in Japan
ISBN978-4-910415-78-9